我的肌膚
我做主！

優雅氣質美研社◎編著

原書名：我的魔法美人計

我的肌膚我做主

　　讓手指在臉上彈鋼琴，妳可以嗎？

　　肌膚白皙細膩，不化妝也很漂亮，白信滿滿的讓人再靠近一點，妳能做到嗎？

　　張曼玉對我們說：年輕緊緻的肌膚，細紋、暗沉統統消退，贏得年輕就這麼簡單……

　　李嘉欣對我們說：柔軟有彈性，肌膚如絲般潤滑……

　　劉嘉玲對我們說：肌膚不油也不乾，而且很有光澤，當然晶瑩剔透……

　　還有美容大王大S，美麗教主伊能靜，不老傳奇趙雅芝……

　　一個個superstar、美麗達人光鮮亮麗的皮膚；水嫩、緊緻、彈性的「面子」是不是讓妳驚豔、羨慕、渴望擁有……

　　每個女人對完美肌膚都有無限渴求，可是隨著年齡、環境的變化，黯淡、乾燥、細紋、痘痘、斑點等等諸多「顏面」問題始終困擾著都市女性，於是更多的人求助於美容院，把自己的臉交給美容師打理，面對美容院高昂的護理費用，美容師價格不菲的諮詢費，還得耗上少則兩小時多則大半天的時間，這對生活節奏超快，生活壓力超高的現代女性來說無疑是一種進退兩難的抉擇。

　　中國有句俗話「求人不如求己」，所以愛美的妳何不將自己「修練」成一

個「美容大師」，花最少的money，做最好的美肌保養呢？

　　其實，在我們的周遭到處都是護膚佳品，只是妳不知道而已，方法非常簡單，時間也不要佔用太多，精力只耗費一點點——請愛美的女生看完這本書，夜深人靜的時候躺在床上或者閒暇的時候蜷在沙發上翻動那麼幾頁，妳就會發現，原來我們的皮膚也可以直接享受美食，原來我們的廚房有那麼多東西可以當面膜敷，原來我們所要的美肌秘訣就在我們身邊，原來保養肌膚可以從「家」做起；這裡沒有高檔化妝品的介紹，這裡沒有名人明星的「以身試法」，有的只是在家就能輕鬆搞定的養顏秘訣，有的只是全部可以自己DIY的居家皮膚保養小冊子：春、夏、秋、冬四季如何防曬美白，怎樣才能正確的排毒養顏，如何有效去除痘痘、眼袋、皺紋和黑眼圈，怎樣吃、怎樣喝對保養肌膚有益處，在家做什麼樣的運動具有美膚塑身效果……實用經濟的方法，全面周到的解答，靈巧有趣的敘述，會讓那些科學合理的居家護膚方法映入妳的眼簾，然後迅速到達妳的頭腦，最後直接滲透到妳的皮膚。

　　我的地盤我做主，我的肌膚我更要做主，那麼好吧，就讓我們制訂出一套簡單實用、內外兼修的「美人計」，讓妳的肌膚同樣可以享受明星般的悉心呵護！

　　不信，妳試試看！

目錄

概述

認識妳的
肌膚

第一節 「透過現象看本質」──皮膚的構成

　　都說女人的夢想就是讓美麗穿越時光，然後無限延長……做為「美麗延長」最主要的部位當然是眾美眉每天關注的「面子」問題，所以，我們當然要「透過現象看本質」去瞭解皮膚的組織結構，讓愛美的妳從真正意義上去瞭解自己的肌膚，進而正確的護理妳的肌膚，正所謂「知己知彼」才能「百戰不殆」。

　　集「兩最」於一身的皮膚是人體最大且功能最多的器官，並由表皮、真皮層、皮下組織三部分組成。

一、表皮

　　由表皮細胞及黑色素細胞構成的表皮主要功能是屏障作用和具備感受外界刺激的功能，從裡到外分為五個層面：

基底層──黑色素細胞夾雜在基底細胞之間，人體的黑色素，是由黑色細胞生成的，它直接決定了膚色的深淺，和皮膚抵抗紫外線的能力。黑色素沉澱的越多，肌膚抵抗紫外線的能力越高，反之就越低。

棘細胞層──對肌膚美容和抗衰老有重要作用。

顆粒層──能有效阻止表皮水分的滲出，也能阻止外界水分的深入，有效切斷角質層的水分，讓角質層細胞死亡，進而維持肌膚正常的代謝。

透明層──呈帶狀透明狀態，被它外面的角質層牢牢保護著。透明層酸酶的含量，決定了皮膚的光潔細膩程度。而酸酶的多少，可以透過飲食來調節。

角質層——十分堅韌，能有效對抗大自然的刺激，對皮膚有很好的防護
作用，但是也阻止了皮膚對外界營養品的吸收。所以在皮膚
護理之前，要進行去角質護理，以便肌膚有效吸收。

二、真皮層

　　表皮下面是真皮層，真皮層可伸可縮，堅韌而柔軟，使得皮膚具備
了張力，能有效緩衝機械衝擊，是皮膚的第二道保護屏障。記住，愛美
的妳在做美容時，美容治療千萬不要到達真皮層，否則會留下不可治癒
的疤痕。真皮最下部的網狀層，彈力纖維如果失去彈性，就會使得皮膚
處於鬆弛狀態，進而出現皺紋。

三、皮下組織

　　皮下組織也稱為皮下脂肪層，由脂肪細胞和結締組織組成。皮下組織有一定的彈性，可以對外來的衝擊起到緩衝作用，進而有效保護機體。皮下組織的脂肪多少，決定了一個人的胖瘦程度。

　　這裡還有必要說一下皮膚附屬器官，它包括毛髮、皮脂腺、汗腺和甲（趾）。全身多個部位都有皮脂腺的分佈，臉部、胸部、後背和頭皮最多，腳底和手掌沒有皮脂腺。皮脂腺決定了一個人的膚質，皮脂腺分泌過少，會導致人體皮膚乾燥；反之，會造成皮膚油性過大。

第二節　和皮膚的親密接觸——膚質測試

Test 1

　　首先根據妳的皮膚紋理來測定妳皮膚的類型。這需要用放大鏡來觀察，當然，能用專業膚質測試儀測試更好：

A：放大鏡中如果顯示妳的皮膚紋理，出現縱橫交錯的樹皮紋狀，就像乾草堆一樣。很遺憾，妳的皮膚是乾性的，這種皮膚很容易長皺紋，要注意保濕。

B：毛孔粗大，就像夜空中的星星一樣呈現出十字交叉，抱歉，妳是油性膚，這種皮膚很容易藏髒東西和長痘痘，要注意清潔。

C：放大鏡中可以看出這種類型的皮膚呈現出有規律的格狀紋，就像格子布一樣。恭喜妳，妳擁有最健康、質地最好的中性皮膚，當然，有好底子必需更加呵護才行，否則任何一種肌膚狀態都會出現在妳的臉上，不知這到底是妳的幸還是不幸。

D：透過放大鏡，如果皮膚呈現出像山丘一樣凹凸不平的曲線地質狀。毫無疑問，妳的皮膚屬於受損皮膚，要注意修復。

E：和上述類型有比較大的差別是膚質毛細血管脈絡清晰，就像附著一層半透明的薄膜。對不起，妳的肌膚很敏感，要注意保護。

F：混合膚質：顧名思義就是多種膚質類型的混合。放大鏡呈現的狀態是，既有樹皮紋，又有十字交叉的粗大毛孔，有了這種皮膚就處於一種「剪不斷理還亂」的尷尬境地了，但願妳不是。

Test 2

　　除了肌膚類型的認定之外，還需要對比觀察。請選擇任意一張讓妳所豔羨的好面孔做為對比對象，來對比兩種膚色的差異：

A：相比較而言，妳的膚色顯得暗沉，偏黑紅，即屬於晦暗膚色。

B：相比較而言，妳的皮膚如果過白，沒有血色，即為貧血性皮膚。

除此之外，還可以根據皮膚表面觀察來確定皮膚類型：

C：敏感性皮膚：皮膚經常發紅。

D：曬傷皮膚：臉部兩頰、額頭部位有曬斑，且皮膚呈曬後的黑紅脫皮狀態。

E：長斑皮膚：如果妳的皮膚長有斑點或斑塊，而且偏黃色。

Test 3

　　這個測試比較簡單，用手撫摸和輕拉皮膚根據手感來斷定膚質類型：

A：如果妳的膚質極佳，則用手撫摸和輕拉皮膚的時候，會有光滑、緊實、有彈性的感覺。

B：如果妳屬於乾性皮膚，則會有皮膚乾澀，缺少柔嫩質地的手感。

C：油性皮膚的手感是光滑油膩。

D：皮膚如果彈性不足，或者手感皮膚不緊、鬆弛，那就屬於早衰膚質。

E：混合型受損皮膚：在撫摸和輕拉時，感覺肌膚凹凸不平，且有的部位
油膩、有的部位乾澀。

準備好了嗎？認識自己的肌膚以後，妳的「美人計」開始了！

第一章

肌膚的
美食菜單

我們的肌膚，需要透過飲食中的營養來保持白嫩美麗。可是往往有時候，我們所吃的營養，並不能順利到達皮膚。那不妨試試讓妳的皮膚直接「吃點」或「喝點」東西給它補充養分，讓皮膚也來享受那些豐盛的大餐。「吃飽喝足」以後，給妳的回報自然是「回眸一笑百媚生，六宮粉黛無顏色」啦！

第1計・聰明girl聰明吃

專家告訴我們：「良好的飲食習慣可以改善皮膚狀況，對美白、減肥有很好的作用。」所以，想要擁有健康、美麗的肌膚，外敷重要，內服也不可少哦，我們不妨來學習一下怎樣的飲食習慣可以使皮膚更美麗。

飲食影響肌膚

醫學專家研究顯示，均衡飲食可以使皮膚變得健美光潔。儘管市面上琳瑯滿目的化妝品令人目不暇給，各個功效也應有盡有，但是科學飲食在美容保健方面，依然佔有不可取代的作用呢！

水

水是生命之源，也是皮膚彈性光潔的重要營養品。人體水分減少，皮膚容易乾燥失去彈性，甚至鬆弛下垂出現皺紋。因此，要保持皮膚彈性健美，需要每天適量飲水。

含維生素的食品

食物中的維生素，對於保持肌膚細膩滋潤，防止皮膚衰老起著重要作用。如果給維生素排個名次的話，維生素A、C、E是最具美白肌膚功效的了。

維生素E可以對抗皮膚衰老。維生素E的作用在於減少維生素A及多元不飽和脂

肪酸的氧化、控制細胞氧化、促進傷口的癒合、抑制皮膚曬傷反應及癌症之產生。一般來說，維生素E及維生素C若能合併使用，二者可相輔相成，增強其作用。維生素E在穀類、小麥胚芽油、棉子油、綠葉蔬菜、蛋黃、堅果類、肉及乳製品中，均含量豐富。

維生素C具有美白作用，可以對抗肌膚發炎，有效防曬，還能促進傷口的癒合。人體如果缺乏維生素C，人體結締組織的功能會受到自由基的侵襲而受損，維生素C因為具有抗氧化作用，所以能有效修補結締組織受到的損害。所以，在抗老化修補曬後傷害的美容產品中大多可以找到維生素C呢！

維生素A可使皮膚光滑細緻。如果皮膚變得乾燥粗糙有碎屑，那是缺乏維生素A的症狀；這個時候，妳就需要為肌膚補充相對的維生素了。經常食用富含維生素A的食品，可以有效抵抗皮膚皺紋和延緩皮膚老化，同時也具有去斑和光潔皮膚的作用。

如果嘴唇乾裂，那是缺乏維生素B_2的症狀。富含維生素B_2的食物有肝、腎、心、蛋、奶等。

除了維生素B_2之外，維生素A、C、E有類似的功用，且彼此間有相輔相成的作用，因三者皆為良好的抗氧化劑，能清除皮膚不當日曬後所形成的有害自由基。

要提醒的是，過量食用維生素A，容易導致頭痛、噁心、嘔吐及骨骼病變等。孕婦在進補維生素A時更要特別注意，要在安全用量之內，以免產生畸形兒。維生素E服用也要遵照醫囑，不能長期過量，否則也會對人體產生危害，導致血脂過高以及靜脈炎等。

含鐵食品

蛋黃、海帶和紫菜以及動物肝臟，是含鐵量豐富的食品。多吃含鐵

食品可以使得皮膚紅潤光澤。食物中的鐵含量，也是血液中血紅素的重要成分之一。

鹼性食品

常吃鹼性食品可以促進人體內部的酸鹼平衡。我們日常生活中所吃的魚、肉、禽、蛋、糧穀等均為生理酸性。尿酸和血液中的乳酸含量過高，都是食用過量酸性食物所致。當體內的酸（通常說的有機酸）不能即時排出體外時，敏感表皮細胞會受到侵蝕，肌膚容易失去彈性和細膩感。所以應該多吃一些鹼性食品來中和體內的有機酸，如柑橘、蘋果和梨以及蔬菜等。

蛋白食品

想要使得皮膚皺紋減少，富有彈性，那就多吃富含膠原蛋白和彈性蛋白的食品。豬蹄和動物筋腱裡面就富含膠原蛋白和彈性蛋白。

科學飲食四大守則

懂得了食物對肌膚的重要作用，還要掌握科學的飲食方法。看看下面的科學飲食守則，妳能符合幾條呢？對比一下，如果沒有做好，記得要進行矯正哦：

第一，飲食要健康：搭配均衡不挑食，三餐分配要均衡；少吃油炸、燒烤食品。

第二，多餐要少量：每次進食過多，反而有可能餓的更快。少量多餐，可以促進人體對食物營養吸收的加快，更有利於消化。

第三，少吃鹹食品：白糖、味精、食鹽是食品界的三大殺手。攝取鹽分過多，對身體有害無益。

第四，飲水要足量：根據自身體質，每天要不間斷的補充水分，以滋養皮膚，促進內臟器官的和諧平衡。

除此之外，只要妳能配合適量運動以及有規律的良好作息習慣，那麼，妳不想擁有一身好肌膚都難了！

五顏六色的美容食品排行榜

橙黃的蜂蜜：營養豐富的蜂蜜，被譽為「大自然中最完美的營養食品」。常食蜂蜜不僅可以潤澤皮膚防止乾裂，而且還能使皮膚變得柔滑細嫩。蜂蜜中的豐富營養物質，可以使面容紅潤富有光澤，提高血液中血紅蛋白含量。如果將蜂蜜水代替飲料那是最好不過的了，它將會給妳的肌膚帶來無窮的魅力。

紅色的枸杞子：多飲用枸杞子製作的食品，有助於肌膚美容。因為枸杞子裡面富含大量營養物質有滋補強健肌膚的作用。常用的枸杞子食品是：

枸杞泡酒。

杞圓膏：冰糖加上蜂蜜和枸杞子、桂圓一起製成杞圓膏。

枸杞子燉豬腦。

枸杞子加紅棗、雞蛋煲湯。

枸杞子燉雞、燉羊腦等。

淺黃的當歸：經常進補當歸可以有效美白皮膚，對抗肌膚衰老。常見的當歸食品有：

當歸酒：取米麵適量，和水煎後的當歸藥汁一起製成當歸酒飲用。

當歸羊肉湯：取羊肉適量，然後放入少許當歸、黃芪和黨參，燉成當歸羊肉湯，營養豐富，飲後美容。

當歸水：開水沖泡當歸五克，添加少許蜂蜜代替茶飲，滋味相當好。製作簡單，飲用方便。

黑色的黑芝麻：如果想延緩肌膚衰老，建議多吃黑芝麻。

黑芝麻煮粥、做湯皆可。下面介紹一種黑芝麻藥湯：取適量黑芝麻，放置鍋內溫水攪勻，然後大火蒸煮。大開後端出，晾乾後再依照上法蒸煮。三五遍後晾乾磨成粉末，飯前空腹溫水沖飲十克即可。

雪白的白蘿蔔：蘿蔔對於人體五臟有很好的補益作用，尤其利於腸道通腸。因此多吃蘿蔔可以增加腸胃功能，有效排除體內廢物和毒素，達到養顏排毒的作用。

鮮紅的櫻桃：在所有水果當中，微量元素含量冠軍非櫻桃莫屬。因此，常吃櫻桃可以補血養顏、健美肌膚，並且能有效補充血液中的血紅蛋白。

綠色的豌豆：豌豆有去除臉部黑斑、色素斑，令臉部光澤柔滑的作用。

飲食變臉：臉部膚色改善的飲食之道

如果妳的臉色黑紅或者蒼白，又或者顏色晦暗的話，那麼再精緻的打扮也會失色不少。這時候，不妨小小的改變一下飲食結構，讓妳的臉色從此白皙紅潤起來。

紅臉膛 這種臉色的人，不妨多吃富含葉綠素的蔬菜，如萵苣、芹菜

和菠菜等等。而且這些蔬菜生吃效果更好，切碎榨汁效果最佳。

赤紅臉 血液流通不暢的人，臉色會呈現赤紅色。除了增加運動、勤洗澡增加血液循環之外，多吃富含維生素 B_1 和維生素 C 的食物，並且透過日曬來獲得維生素E，也可以改善血液循環，進而改變臉部顏色。

油脂黑臉 如果常吃油膩食品很容易導致臉部呈現油脂黑臉。要改善臉部顏色，就要多吃蔬菜、少吃油膩食品。同時，多喝蔬菜汁效果更佳。

臉部黑色和雀斑 常吃過鹹食品的人，臉色容易發黑粗糙易生雀斑。多飲水、多排汗、多小便增加身體鹽分的排出，然後要多吃清淡少鹽的食物，可以改善黑臉雀斑的狀況。

科學飲食 肌膚更美白

前面我們已經提到過，女性肌膚的細膩美白和光亮程度，和真皮透明質的酸酶含量關係密切。而雌性激素的分泌，能有效促進透明質中酸酶的形成。這種酸酶能有效促進皮膚對微量元素、維生素和水分的吸收，進而使皮膚中的維生素、微量元素和水分含量充足，使得肌膚更加細膩光滑。所以，愛美女士只要堅持下列飲食習慣，可以有效促進皮膚健美：

（1）多飲水。水分減少會導致皮脂腺分泌減少，那肌膚就會慢慢變得乾燥、失去彈性，皺紋也會悄悄的長出來，所以，女性朋友想要保持細膩和富有彈性的皮膚，就要保持每天攝取不少於1200毫升的水分。

（2）富含維生素的食品，多多益善。

（3）要多吃富含鐵質的食品，能使皮膚光澤紅潤呢！

（4）多吃鹼性食品，以及富含膠原蛋白和彈性蛋白的食品。

（5）女性各年齡層的飲食法則如下：

15歲到25歲，是女性生殖器官發育成熟時期，也是女性月經來潮時期。這一階段，女性的肌膚光澤紅潤而且富有彈性，所以要多吃富含蛋白質、維生素和脂肪酸的食品，比如豆類、瘦肉、白菜、豆芽和韭菜，少鹽多水。這樣可以防止皮膚乾燥，增加尿液排出，增加脂質的代謝，減少臉部油脂。

25歲到30歲，這個年齡層，女性眼皮下面和額頭會出現細小皺紋，皮膚因為皮下油脂分泌的減少而變得粗糙，光澤程度減少。在這個階段，除了要保持多水少鹽外，還要多吃牛奶、木耳、番茄、薺菜、豌豆和胡蘿蔔這類富含維生素C和維生素B的食品。

30歲到40歲，這個階段的女性，內分泌功能減弱，眼角皺紋也會出現，下巴的肌肉開始鬆弛，皮膚也容易乾燥。這個階段要多吃富含維生素的新鮮蔬果，還要注意多吃富含膠原蛋白和動物蛋白質的食品，比如瘦肉、豬蹄、魚肉和肉皮等。

40歲到50歲，女性開始進入更年期，皮膚變得更加乾燥而且缺少光澤。這時候一定要多吃補氣養血、延緩衰老、促進膽固醇排泄的食品，比如檸檬、核桃、玉米、蘑菇和紅薯等，同時還要多吃富含維生素E的食品。

第2計 · 做一個水果美女

　　水果內所含營養物質豐富，對人體有極大的保健美容作用，這個相信沒有人不知道，不過，如何讓它發揮最大的作用，大概妳就沒那麼清楚了，所以，來認真看看這個吧！

　　我們首先來瞭解一下最有營養價值的十種水果。根據美國的《讀者文摘》雜誌介紹，在全世界最有營養價值的十種水果中，蘋果名列榜首。下面我們先介紹一下這十種水果，讓各位美眉先瞭解一下：

第一名：**蘋果**。瘦身美容必備品。蘋果內所富含的纖維物質，能為人體　　　　　補充充分的纖維。

第二名：**杏**。杏富含大量的 β 胡蘿蔔素，對人體有效攝取維生素 A 具有　　　　　很大幫助。

第三名：**香蕉**。含有大量對人體心臟和肌肉有好處的鉀元素。

第四名：**黑莓**。顏色深重的黑莓，含有大量的纖維素，是同重量級其他　　　　　水果的三倍，對心臟健康有很大的補益。

第五名：**藍莓**。是減少尿道感染的最佳水果。

第六名：**甜瓜**。常吃甜瓜可以有效補充人體維生素含量。

第七名：**櫻桃**。促進心臟健康的最佳水果。

第八名：**越橘**。和藍莓一樣有著相同的作用。

第九名：**葡萄柚**。富含大量維生素 C。

第十名：**紫葡萄**。顏色深紫的葡萄能為心臟提供良好保護。

美麗物語

水果之王蘋果的營養美容價值

蘋果名列十大最有營養價值的水果之首，稱其為水果之王毫不為過。

蘋果種類繁多，在全世界有七千五百多種。這個在水果攤上隨處可見的平常水果，卻是名副其實的物美價廉的美容健康食品。

科學測定標明，新鮮水果的含水量為85%，維生素A和胡蘿蔔素含量豐富，並且含有豐富的果膠，果膠屬於水溶性食物纖維，對大腸有很好的補益作用，可以有效清理腸道，而略帶酸味的蘋果酸，同時含有檸檬酸，對胃液分泌有很大幫助，進而提高胃部的消化機能。兩者都能夠幫助體內毒素的排出，進而幫助人排毒養顏。

蘋果含有豐富的維生素C，可以幫助消除皮膚雀斑、黑斑，保持皮膚細嫩紅潤。

蘋果中含有豐富的鉀元素，能有效擴張血管，而且還有助於人體內多餘鈉元素的排出。而蘋果中還含有銅、碘、錳、鋅等元素，能有效防止皮膚老化、乾燥、奇癢及易裂的毛病。

蔬果美白大薈萃

有些水果只要經常食用，妳就會驚喜的發現，皮膚越來越滑、越來越嫩。因為某些水果具有美白柔嫩肌膚的作用，有明顯的美白效果。

人的皮膚之所以變黑粗糙，是因為皮膚表皮角質所排出來的黑素顆粒所致。如果臉部死皮太多，那美眉們可要當心了，這是肌膚在提醒妳，妳的角質去除變慢了，長此以往，臉色就會發黑、粗糙和晦暗的。不過不用擔心，只要妳懂得選擇下面這些具溶解含黑色素的角質作用的

水果，那光滑與白皙就會聯手出現了。

蘿蔔：新鮮的胡蘿蔔搗爛擠汁後，每日飲一杯；同時用蘿蔔汁早晚擦臉，自然乾透後，用棉布手帕沾取植物油輕輕拍打，然後洗淨。長久堅持可使皮膚白皙光潤，還可以治療臉部雀斑。

檸檬：檸檬在所有具有美容作用的水果中，可是被尊為護膚皇后的頭牌哦。檸檬中富含精油，這是多數高檔化妝品不可少的重要成分之一，精油具有很強的抗菌功能，而且還能軟化清潔皮膚。此外，檸檬中的維生素C以及果酸都屬於還原性酸性物質，可以有效

減少色素形成，對抗雀斑和黑斑，促進皮膚美白細膩。

鳳梨：鳳梨具有軟化乾燥起皺皮膚的良好作用，美白去毒功效非凡，並且還能滋潤清潔皮膚，預防痤瘡的形成。

芒果：芒果是滋潤皮膚的最佳水果，能有效對抗皮膚老化，增加皮膚的白皙和彈性。

橘子：橘子可以增加皮膚彈性，減少體內脂肪的堆積，具有減肥和美白皮膚的良好作用。

枸杞：加滾水當做茶水飲用，不必限制飲量，長久飲用可以促進肌膚美白。

番茄：將番茄汁塗抹在臉部，二十分鐘後清洗乾淨，長久堅持可以美白肌膚，預防雀斑。

梨：去核搗爛加適量麵粉攪拌後塗抹在臉部，可使皮膚細嫩美白。

蘋果：同上法，去核搗爛加適量麵粉攪拌後塗抹在臉部。

櫻桃：經常食用櫻桃可以使得皮膚白裡透紅，細緻柔軟，還能有效預防粗糙皺紋的產生。因為櫻桃中含鐵量十分高，比等量蘋果中的鐵含量高二十倍，是等量梨的三十倍。大量的鐵含量能增加血液中的血紅素，皮膚紅潤當然不成問題啦！

柚子：柚子富含豐富的維生素C和精油，具有去除肌膚油膩的良好作用。柚子煎湯後倒入浴缸沐浴，能有效美白肌膚。

蔬果美容DIY

黃瓜：將黃瓜切片敷在臉部或者浮腫的眼睛上，十五分鐘後揭下，清水

洗淨後按摩即可。黃瓜汁中的營養可以有效滲入皮膚，潔膚消腫。

絲瓜：去皮榨汁，按照一比一的比例和蜂蜜拌勻，均勻敷在臉部十分鐘左右後取下洗淨。長期使用可以美白去皺。

胡蘿蔔：胡蘿蔔榨汁，每天早晨空腹一杯。

葡萄：葡萄榨汁，直接擦敷在臉部效果十分好，不過這種方法比較適合油性皮膚。

新鮮橘子：新鮮橘子汁直接塗抹在臉部，能促進皮膚的清爽，增加皮膚的抵抗力，有效補充皮膚水分。

栗麩面膜：栗麩即栗子的內果皮。將栗麩搗成細末，與蜂蜜調勻，瓶裝貯備，早晚各敷臉一次。栗麩是一味難得的美容良藥，性味甘平而澀，與蜂蜜合用，能使皮膚光潔、皺紋舒展，對皮膚具有防衰老之效。

桃仁洗臉液：桃仁味甘性平，可活血去瘀。用粳米飯漿同研後絞汁，攪拌成糊狀，澄清成面液，面液加溫擦臉，每日早晚各一次。這個法子可使瘀血消散、臉部血流暢通。桃仁富含脂肪油，本身就有潤膚的作用。而粳米飯漿，質軟黏稠，可黏吸皮膚表面的污物，具光潔皮膚之作用。

西瓜：用西瓜皮按摩臉部肌膚，可以有效補充肌膚水分，鎮定皮膚。如果將西瓜青皮削掉，將裡面的白皮削成薄片，貼在臉部和手臂肌膚。四、五分鐘後更換一次，視時間而定可以貼三～五次不等，然後用清水洗淨，可以美白柔和肌膚。

西瓜瓤搗碎塗在臉部，然後壓上壓縮紙膜，二十分鐘後去除，冷水徹底洗淨即可。

西瓜汁和蜂蜜混合做成面膜敷在臉部，二十五分鐘後清洗乾淨。
對曬後皮膚的鎮定和肌膚補水降溫，效果良好。

西瓜瓤和鳳梨肉適量，榨汁攪拌後冷藏或者即刻飲用，對肌膚美
容有很大作用。

美麗物語

水果治療雀斑妙法

新鮮胡蘿蔔榨汁，每日塗抹臉部，可有效防治臉部雀斑；檸檬汁加糖水
飲用也有上述功效。

常吃番茄或者常喝番茄汁，能夠加速皮膚沉澱的色素減退或消失。

將茄子皮清洗乾淨敷臉，可以阻止雀斑的生成。

特別飲食有特效

會還是不會，這是個問題。如何將水果的美味和美容效果發揮到極
致，這絕對不是一個簡單的問題。面對琳瑯滿目堆滿街頭小攤、超市貨
架上的水果，如何讓它全心全意為妳服務，這可是需要技巧的哦。下面
就告訴妳幾個普通水果的不普通做法，讓妳在享受美容的同時也能品嚐
特別的滋味。

櫻桃

春末夏初是櫻桃上市的季節。這個時節的櫻桃最為新鮮、營養最
高，對人體的美容效果也最好。這個自古被叫做「美容果」的聖品可不
是白叫的呢，中醫記載，櫻桃有滋潤皮膚，中和氣血，補益脾肺，消除

臉部斑點和去除肌膚皺紋的良好美容效果。櫻桃中含有豐富的花青素、花色素及維生素E等，這些營養素都是有效的抗氧化劑，能夠對抗肌膚的老化，而且櫻桃的含鐵量居水果之首，超過柑橘、梨和蘋果的20倍以上，而鐵又是血紅蛋白的原料，非常適合受到電腦輻射影響的美眉們食用。

市面上的櫻桃都從國外進口，從顏色上看，有紅得發紫的品種，還有顏色淡紅甚至發黃的品種，幾個品種的營養成分都符合營養學規律，即顏色越深的營養越高，口感也是顏色深一點的更甜一些，顏色淺的酸味多一些。

櫻桃酒 按照新鮮櫻桃和米酒1比4的比例，用米酒將洗淨後的櫻桃浸泡蜂蜜，每日兩三天攪動一次，半月到二十天就能釀成味美的櫻桃酒。

櫻桃醬 挑選兩斤左右大味酸甜的櫻桃，洗淨後去皮去核，攪拌上

砂糖一起放入鍋內旺火燒沸後再中火慢燉，撇去表面的浮沫後煮至黏稠狀，加入檸檬汁後再稍煮，涼後即可。

葡萄乾

葡萄是美容能手，這個大家都知道，不過妳是不是忘了它的近親——葡萄乾了呢？營養豐富的葡萄乾，具有美化肌膚、強健身體的神奇效果，而其所含的營養成分更令營養學家嘆為觀止。醫學研究證明，葡萄乾中的大量纖維，能減低血液膽固醇，加速腸道廢物和毒素的排出，有效減少毒素和廢物在直腸中的宿留時間，保持肌膚的健康年輕。

鹹蛋黃炒葡萄乾 葡萄乾適量，玉米粒半斤，蒸熟的鹹蛋黃三個，枸杞子、肉鬆和蔥花各少許，牛油一茶匙、雞精適量、太白粉適量。先將鹹蛋黃放入蒸鍋中蒸熟，用雞精、太白粉壓成細小的粉末；然後將玉米粒放入熱油鍋中炸至香脆；接著在鍋中放入適量牛油，把事先做好的細小粉末與炸好的玉米粒放在一起炒勻，撒上蔥花、葡萄乾、枸杞子，加入肉鬆，即可上桌。

葡萄乾南瓜肉 準備材料有帶皮五花肉、糯米、葡萄乾、南瓜、鹽、味精、醬油、黃酒等。先將肉切薄片，加鹽、味精、醬油、海鮮醬、黃酒，醃製二十分鐘；把糯米洗淨加味精、鹽、海鮮醬拌勻；接著將南瓜洗淨，切成和五花肉相同大小的厚片；最後把肉片滾上糯米，將葡萄乾放在南瓜片上蒸即可。

葡萄乾叉燒酥 準備材料有叉燒、葡萄乾、麵粉、豬油、糖、鹽、味精、黃油等。首先揉麵糰，製作一個乾油酥麵糰和一個水油酥麵糰，然後把製成的內餡捏進麵糰去；將麵糰放進烤箱內烘焙即可。需要注意的是，製作內餡時是將叉燒和葡萄乾混合，然後加入調味料。

美麗物語

水果飲食有禁忌

含有鞣酸的水果不能和海鮮同時食用。

含有豐富鞣酸的水果有：蘋果、草莓、楊梅、柿子、石榴、檸檬、葡萄、酸柚等。因為水果中的鞣酸與海鮮同食，容易發生腹痛、噁心等症狀，而且還會降低海鮮的營養價值。

潰瘍性結腸炎和白血球減少、前列腺肥大的病人都不宜吃蘋果，以免加重病情。

吃柚子也有禁忌，柚子不能與某些藥品同吃，高脂血症病人應特別注意，稍有不慎，病人極易發生中毒，出現肌肉痛，甚至腎臟疾病。

胃酸較低的人，不要吃李子、山楂、檸檬等水果。

經常大便乾燥的人，可多吃些桃子、香蕉、橘子等，這些水果有緩下的作用。

對體質虛寒者，如怕冷、畏寒、出汗少、易腹瀉的人，應選擇偏溫熱性水果食用。如龍眼、荔枝、核桃肉、楊梅、桃、橘、櫻桃、杏、石榴、椰子、紅棗、栗子、梅等。

對實熱體質者（平時易臉色紅赤、口舌生瘡、口乾汗多、舌燥便秘、喜涼飲、常煩躁、易發火等）要多吃一點偏涼性的水果，如香瓜、梨、西瓜、香蕉、柚子、枇杷、芒果、甘蔗、甜瓜、柿子、桑椹、橙、生菱角、荸薺、奇異果等，可以協助清熱瀉火。

第3計・內外兼修「喝」牛奶

　　傳說在很久以前，古老的埃及有一位女王叫克萊奧佩脫拉（Cleopatra），她的肌膚像水一般的柔細，滑嫩白皙，吹彈可破。連凱撒將軍都拜倒在她的努格白裙下。而她保養皮膚的方法就是洗牛奶浴。據說她是無意間發現了牛奶的作用，於是她也就成為歷史上第一位使用牛奶保養肌膚的人。

　　西元三十七年羅馬大帝尼祿（Nero）為了確保他心愛的皇后每天能用上牛奶浴，不惜派遣500差使，源源不斷地送上鮮奶……

　　穿越時空，歷史在變遷，不變的是牛奶帶給肌膚的滋潤和呵護，原因在於它的天然成分，為肌膚送上持續不斷的營養。它含豐富蛋白質、糖分和維生素A、D、E，護膚功效早被證實。

　　除了這些有證可查的美容經驗之外，現代醫學也為牛奶美容提供了科學依據。現代科學研究證明，牛奶中所含的礦物

質、維生素以及乳脂肪，很容易被人體肌膚吸收。牛奶中富含的酵素對
皮膚有消炎舒緩的作用。牛奶中的鈣質，能有效保護指甲，預防指甲斷
裂。

八大功效讓肌膚「喝」掉牛奶

牛奶防曬

　　如果妳不小心在炎炎夏日去海灘Happy把皮膚曬傷了，不要慌，用冰
凍的牛奶清洗曬傷部位，然後將毛巾或者化妝棉在牛奶中浸濕，敷在發
燙部位。這樣，牛奶能使皮膚得到緩解和鎮靜，減少痛楚還能防止發炎
的產生。

牛奶美白

　　洗臉是女生每天不可或缺的功課，將臉洗乾淨後均勻地把牛奶塗抹
在臉部，輕揉兩三分鐘後，用清水洗淨，牛奶中的營養物質會有效滲入
皮膚，使肌膚更加細膩美白。或者用棉片在冷牛奶中浸濕擦臉和頸部，
或者身體其他部位，等牛奶乾後再進行第二次擦拭，如此反覆兩三次以
後，再用清水洗淨，美容潤膚效果十分好。曬傷或者患濕疹、斑疹的皮
膚，用此法效果也很好。

　　還有一秘招就是先將牛奶煮沸，牛奶冷卻後上面會漂浮一層薄膜，
將這層薄膜貼在臉上，數分鐘乾透後用清水清洗乾淨，能令妳的肌膚光
滑柔膩。

牛奶除皺

　　斑紋、細紋，甚至皺紋都是愛美的女人們不願在自己臉上看到的，
想要永遠跟各種「紋」扯不上關係，牛奶可以幫妳。給眾美女們推薦兩

款「膜」力四射的牛奶面膜：

牛奶+橄欖油+麵粉

數滴橄欖油和適量麵粉，用一小勺牛奶攪拌後塗抹臉部，乾後用清水洗淨，長期使用能減少皺紋、增加皮膚彈性。

牛奶+草莓

草莓五十克搗碎濾汁，將草莓汁和一杯鮮奶調和，塗抹臉部及頸部加以按摩，十五分鐘後清洗乾淨。據說這個方法是歐洲古秘方之一，具有清潔滋潤肌膚的良好作用，還能有效防止皺紋的產生。

牛奶去斑

除了去皺的功效，牛奶去斑的能力也十分了得：

牛奶+雙氧水+麵粉+水（以不含雜質的蒸餾水最佳）

將牛奶、雙氧水和麵粉按照1：2：3的比例，加適量水拌勻。用軟刷子塗勻臉部，乾後溫水清洗乾淨。塗抹面膜時避免觸及眉毛和眼睛。

還有，妳可以嘗試用酒精和牛奶按照一比三的比例混合，睡前擦臉，也能有效去除色斑。

牛奶排毒

將茶葉用開水浸泡後倒進煮沸的牛奶，根據個人口味添加適量糖或者鹽。奶茶能有效去除人體油膩、利尿和助消化，具有排毒養顏的功效。

牛奶潤膚

要泡一個標準的牛奶浴，會花費妳不少Money哦！如果沒有條件洗牛奶浴，那麼可以用準牛奶浴來替代。洗澡時在浴缸加入適量牛奶（一公

升最佳）美容效果也不錯。在沐浴過程中，用沐浴球或者海綿擦拭並按摩身體，洗後清水洗淨即可。

牛奶明眸

都說眼睛是靈魂之窗，擁有一雙明亮美麗的大眼睛是每個愛美女人夢寐以求的，在牛奶裡加適量醋和開水調勻，晨起後，塗抹在眼部按摩三～五分鐘，然後用毛巾熱敷，能去除眼部浮腫，也能有效消減眼袋。或用紗布裁成小方塊，用牛奶浸濕後敷在眼部，就可以讓妳一整天都「亮睛睛」。

牛奶烏髮

這個法子看起來很強哦。熱牛奶洗頭，能使頭髮烏黑發亮。這個方法源於印度托達人，他們是以放牧水牛為生的游牧民族，所以具有很充足的牛奶。牛奶多了就想出了這個妙方。

還等什麼，趕快讓自己的肌膚喝牛奶去吧！

美麗物語

油性皮膚不適合「喝」牛奶。任何美容護膚飲食，都有長處和短處，牛奶也是如此。由於牛奶富含大量油脂，所以不適合油性皮膚的人使用。

牛奶護膚要搭配適量按摩（除了特殊説明外，一般在十五分鐘到二十分鐘之間），這樣才能較好地軟化角質，促進肌膚對牛奶營養的吸收。

過期牛奶不影響美容護膚的效果。因為過期牛奶中的乳酸，能軟化角質，對肌膚有良好的保濕作用，但是過期結塊的牛奶就不能使用了。

第4計·美膚營養蘇打水

　　小蘇打水是女性肌膚最重要的營養飲品之一。讓肌膚充分的「喝」足小蘇打水，更會展現妳白皙光滑的自信。

洗澡

　　透過洗澡可以讓肌膚直接「喝」掉小蘇打水的營養物質。按照15：1000的小蘇打水濃度，在40度左右的水溫中泡澡十五分鐘到二十分鐘，小蘇打水中的美白營養，會充分滲入皮膚。研究顯示，二氧化碳小氣泡是小蘇打水中最重要的「美膚營養元素」，它能穿越和滲透皮膚的角質層，刺激血細管細胞和神經，促使毛細血管蠕動擴張，進而促進肌膚的血液循環，使得皮膚保持旺盛的新陳代謝能力，進而起到美白肌膚，抵抗衰老的良好功效，是女性肌膚「喝」營養的最佳選擇。

　　在夏天用小蘇打水洗澡，那更是最佳選擇。小蘇打水能有效溶解皮脂，徹底清洗掉女性夏天肌膚上過多的酸性排泄物，可以使女性消除疲

勞,全身清爽。

洗臉

早晚用濃度為4％的蘇打水洗臉,對於臉部角質的軟化和死皮脫落有很好的作用,同時,蘇打水具有抗氧化作用,能有效預防女性皮膚的老化。蘇打水洗臉,可以使蘇打水內的營養物質直接被肌膚吸收,使妳的肌膚變得光滑清爽,而且有助於對潤膚品的營養吸收。

蘇打面膜

蘇打面膜能使皮膚有效地直接「喝」掉小蘇打裡面的美膚營養品。具體製作方法如下:

按照1：8的比例,將小蘇打粉和熱水攪匀,小蘇打粉完全溶解後,就可以使用了。潔面後將蘇打面膜塗抹在臉部,注意避開眼睛和嘴唇。在面膜敷臉的十分鐘內,肌膚能有效喝掉蘇打面膜的營養,十分鐘後就可以取下來了。這時候妳可以去除臉部的黑頭和粉刺,用冷水洗臉後拍上收斂水。每週一次,讓臉部肌膚「喝」足營養。

美麗物語

深藏在毛孔內的黑頭,屬於被氧化的油脂,很難清理。洗淨臉後,用棉花沾取1％的蘇打水(純淨水和蘇打粉混合即可使用),在鼻子上敷十五分鐘後拿掉棉花。這時候妳在鏡子裡可以看見好多黑頭都浮了上來。就可以用紙巾輕輕揉搓擦掉黑頭了。

另外值得提醒大家的是,具有美容作用的是小蘇打水,小蘇打和蘇打、大蘇打是不同的三種東西,此「蘇打」非彼「蘇打」,在用之前一定要弄清楚哦。

第5計 · 清新綠茶清肌膚

綠茶味道清新，不僅嘴巴愛喝，肌膚也愛喝哦。只要妳找對了法子，就可以讓肌膚直接喝到綠茶裡面的營養物質，達到美白肌膚的良效了。

洗臉

將綠茶打碎成細末，放在密封的瓶子裡面（保持茶葉的香味，避免和空氣接觸），清潔臉部後取茶葉末適量，沾取少量清水輕拍在臉上，然後用清水洗掉。這種方法可以讓肌膚有效吸收綠茶中的營養，經常使用會使女性肌膚變得白嫩細滑。

就連最可愛的女孩，最細最白的好肌膚，也無法抵擋氧化、紫外線照射和斑點的形成。綠茶中的咖啡因、維生素C和茶氨酸，具有中和游離子和抵抗皮膚氧化的良好作用，能有效防止皮膚老化、清除肌膚污物、去除黑斑、皺紋和雀斑，是既天然又便宜的美容方法。

敷身

將喝剩下的綠茶茶葉搗爛成泥，敷在身體的各個部位，可使妳的肌膚容光煥發，這也是肌膚最愛的「營養大餐」呢！

綠茶浴

將喝過的茶葉渣用乾淨紗布包好，放在浴缸中。洗澡水的溫度以皮膚能接受的熱度為宜，身體在浴缸浸泡十分鐘到二十分鐘，肌膚就可以充分喝掉綠茶裡面的養分，變得細嫩光滑。

第6計・液體黃金橄欖油

　　臉部要去油，頭髮要除油，飲食要忌油，女生們多半是聞「油」色變，唯恐避之不及，但有一樣卻是例外，這就是橄欖油。橄欖油可是有著響噹噹的「液體黃金」的名號，絕對是肌膚最愛「喝」的美顏飲品，很受美眉推崇哦。

敷臉塗手

　　潔面洗手後，用棉花沾取少量橄欖油塗抹在臉部和手部，十分鐘到十五分鐘的時間內，臉部肌膚就會充分「喝」掉橄欖油中的美膚營養品。隨後用濕毛巾敷臉，再用乾毛巾擦拭乾淨就行。

　　用適量橄欖油和適量精鹽混合後，塗抹在臉部反覆輕輕按摩，同樣能促進肌膚對橄欖油的吸收，起到滋潤肌膚和磨砂的作用。按摩完後再用蒸汽蒸臉或者溫熱毛巾敷臉，能徹底清潔皮膚，增加皮膚的彈性和光澤。

　　將四分之一杯橄欖油加熱，等到溫度適中後塗抹在臉部，對於敏感皮膚和乾性皮膚有很好的調理作用。

　　指甲也能「喝」橄欖油哦！只要將熟透的牛油果，取四分之一搗爛成泥，和一匙橄欖油混合，塗抹在指甲上，十五分鐘後洗淨，可以起到美甲的作用。

護唇

　　秋冬天氣變乾燥，如果嘴唇脫皮乾裂，那再美的肌膚也會有缺憾哦。這時候，趕緊讓妳的嘴唇肌膚親吻充足的橄欖油吧！每天睡覺之前，先將嘴唇用溫水潤澤，然後沾取少量橄欖油塗抹在唇部，具有很好

的保養作用。而且，妳還可以用橄欖油代替唇彩呢！

沐浴

用橄欖油沐浴，是「喝」橄欖油最有效的方法，但是這種方法對大部分女性來說實在太奢侈了，所以，聰明的我們找到了這樣的替代方法：洗完澡後將橄欖油適量和水攪勻，塗在身體上，再輕輕按摩，然後用溫水洗淨，也可促使肌膚「喝」掉橄欖油裡面的營養，使肌膚變得美白潤滑。

防曬

妳知道嗎，在陽光不太強烈的情況下，只要塗抹橄欖油就可以有效抵抗紫外線的侵擾。

護腳

不要忘記了妳的雙腳哦，雖然大部分時間都藏在鞋子裡，但它也需要美美的啊！晚上睡覺前，將原生的橄欖油塗抹在腳部，穿上棉布透氣的襪子，熱氣能有效的使腳部毛孔張開，讓腳部肌膚充分「喝」掉橄欖油的營養物質，使雙腳皮膚變得光滑滋潤。

第7計·肌膚「吃」豆腐，西施靠邊站

不光是色伯伯們喜歡吃「豆腐」，聰明美麗的女孩們也應該喜歡吃哦，讓妳的肌膚「吃」豆腐，可以毫不費勁的變成一個美白動人的「豆腐西施」。具體方法是，將豆腐搗爛，瀝去多餘水分，混入少量蜂蜜和珍珠粉（也可用麵粉代替）均勻敷在臉部二十分鐘到半個小時，肌膚會有效吃掉豆腐裡面的營養，變得如豆腐般美白。將豆腐碾碎，裝到紗布裡面，用紗布揉臉，也能促進肌膚對豆腐的吸收，美白效果也不錯。

還有一款豆腐面膜，也可以讓肌膚有效「吃掉」豆腐的美膚成分：取豆腐適量，和綠茶粉混合，潔面後敷在臉部，十五分鐘後洗淨。而且將綠茶粉換成橄欖油、薏仁粉或者綠豆粉，效果都一樣。

第8計·綠豆雖小，肌膚吃好

綠豆也是肌膚愛「吃」的「名菜」之一。用適量清水和綠豆粉攪拌成糊，潔面後塗抹在臉部。五分鐘到十分鐘後，肌膚就會主動「吃」掉綠豆粉的營養，這時候只要用清水洗淨擦乾就好了。此種方法具有去角質和美白的雙重功效，長久堅持可以使妳的肌膚美白細滑。

第9計・有杏仁，美膚一定能

　　杏仁就是薔薇科植物杏或山杏的乾燥種子。杏仁有兩種，一種味苦，名為苦杏或北杏，多用做治療；一種味甜，叫做甜杏或南杏，專供食用。只有中國產的南杏才有潤腸通便之效。日常做潤肺、美容等食療用，以南杏為主；若用於治療咳嗽多痰，則以北杏為主。甜杏仁營養豐富，口感獨特，是很多人都喜歡的休閒食品，在日常生活中食用；苦杏仁同樣營養豐富，但它有微微毒性，一般只用來入藥，並不能多吃。

杏仁美膚效果好

　　小美和小倩同是廣告公司的職員，兩個人都是護膚狂熱分子，最愛聚在一起唧唧喳喳討論護膚心得了。這天週末，小美到小倩家做客，小倩拿出好多美食招待小美，兩人邊吃邊聊衣服、化妝、美容。說著說著，小倩奇怪的問小美說：「唉，妳不是最愛吃杏仁嗎，怎麼現在一個都不吃？」小美眨眨眼睛說：「我呀，我現在不吃，一會兒我可要打包帶走的哦。這幾天沒時間亂逛，家裡杏仁斷貨了，妳看我的皮膚，又變差了。」小倩驚訝的問：「杏仁和皮膚有什麼關係？」小美得意的說：「妳看，這妳就不懂了吧，杏仁可是美容肌膚的上上佳品哦。」說到這裡，小倩興奮了，拉著小美叫她趕緊跟她說說杏仁美容的方法。

　　「想必妳也知道，美容中的去角質是很重要的吧！杏仁就有去角質的作用哦，還能軟化肌膚，為肌膚補充水分呢！」小美說道。

　　「杏仁具有很好的皮膚美容效果。就拿美國大杏仁來說，它能抵禦皮膚衰老，因為美國大杏仁裡面富含的維生素E，能有效改善皮膚的營養狀態；同時，杏仁中所富含的類黃酮，是很好的抗氧化劑。所以，類黃酮能抵禦細胞被氧化損害，有效預防心血管疾病」。小美說完，小倩直

豎大拇指：「看不出妳平時嘻嘻哈哈的，懂這麼多。」

小美說：「嘿嘿，妳過獎了，別把我誇暈了哦。被妳誇了這麼多，那我就不客氣了，再告訴妳一點吧！杏仁具有十分均衡的營養價值，富含植物纖維素、動物蛋白，如蛋白質脂肪的含量也十分豐富。因此，它能清肺排毒，是天然的排毒佳品。魚、柑橘水果、低脂牛奶、綠茶還有草莓類水果等等，都是杏仁的最好搭檔。」

「那我是不是平時多吃杏仁就行了？」小倩問。小美笑了：「除了平時多吃杏仁外，還有一些杏仁美容DIY的妙招呢！保證花樣百出，絕對不會悶。」

杏仁美容DIY

大杏仁番茄面膜：取番茄一個，美國大杏仁50克，將大杏仁去皮研末，和攪碎的番茄混合然後塗於臉部。乾後揭下，清水洗臉。

大杏仁木瓜面膜：橄欖油（或者蛋清）適量，大杏仁30克，木瓜一個。大杏仁研末，木瓜去皮去籽搗爛。然後加入橄欖油攪勻後塗抹在臉部，十五分鐘或者二十分鐘後去除清洗臉部。如果是油性皮膚，可以將橄欖油替換成蛋清。

大杏紅棗敷：美國大杏仁15克，紅棗三個。紅棗去籽、杏仁去皮後研成粉末，加入適量蜂蜜均勻攪拌成糊狀，睡前均勻塗抹於臉部，二十分左右後去除洗淨即可。

杏仁牛奶面膜：雲母粉和去皮杏仁各30克，杏仁磨粉後和雲母粉攪拌均勻，加入適量牛奶調和成糊狀，然後在鍋中略微蒸一下即可。睡前塗在臉部，晨起洗去，可令皮膚光潔、細滑、紅潤。

　　杏仁茶：杏仁茶對於女性尤為合適，它能有效滋潤肺部器官和大腸，緩解皮膚乾燥，是預防便秘等各種秋燥症狀的美容佳品。

　　杏仁茯苓面膜：蓮子茯苓各10克，杏仁30克外加適量麵粉。將杏仁、茯苓和蓮子研成細粉末攪拌均勻，加入麵粉和溫水調和，稠稀適中，然後塗抹於臉部，二十分鐘到半個小時後，用清水將臉洗淨。經常使用此面膜，能延緩肌膚衰老，使皮膚光潔紅潤。

　　珍珠面膜：雞蛋一個，滑石粉和珍珠粉各15克，麝香少許（約1.2克）。將30克杏仁沸水煮軟後去皮搗碎，加入上述材料攪勻。每晚睡前塗抹於臉部，第二天晨起後用清水洗去即可。

　　去皺面膜：將杏仁、白芷和滑石各6克研磨成粉，加入蜂蜜適量攪拌成糊狀，於睡前塗抹於臉部，十五到二十分鐘後清洗即可，可以有效消除臉部皺紋。

　　去斑面膜：用蛋清和搗碎的杏仁粉調勻，睡前塗抹於臉部，第二天清晨用白酒洗去，可以有效去除臉部黑斑、褐斑，同時能保持皮膚光潔。

杏仁飲食DIY

1、在煮熟後的米粥中放入適量杏仁粉，然後再煮沸。經常食用能潤滑肌膚。

2、綠豆、粳米和杏仁粉適量，加水煮沸後加入少許白糖，然後用小火慢煮。夏天食用最好，能消解暑氣、滋潤皮膚，還能預防痱子。

3、蓮子粉、冬瓜仁和杏仁粉等量調勻後沖水飲服，能滋潤肌膚。

4、文火水煮杏仁二十分鐘，然後加入少量蜂蜜和白糖食用，具有舒活氣血的作用。

5、冰糖適量加搗碎的杏仁（12克），在鍋內煮十五分鐘後，加入桂花（6克）再煮十分鐘，如有渣滓過濾後加入冰糖，是女性四季常用的美容佳品，能去斑護膚。

6、荸薺（150克）、玉米（50克）和甜杏仁（30克）研粉後加入適量冰糖，水煮後飲食，能清肺化痰、美白肌膚。

8、將麥冬（60克）、大米（100克）、杏仁（20克）開水煮沸後，再用小火慢煮半個小時。經常食用對美容有很好的效用。

9、甜杏仁粉、枸杞子、冬瓜仁各20克，薏仁38克，百合10克，蓮子12克，大米200克。將薏仁和蓮子在箅子上蒸熟，然後將百合、大米、薏苡、蓮子和枸杞子煮粥後，放入杏仁粉和冬瓜仁再煮少許，起鍋即可食用。這種杏仁食品具有驅逐皺紋、光亮皮膚的良好作用。

10、海藻、玫瑰花、甜杏仁各20克，薏米62克。將杏仁玫瑰花和海藻在砂鍋內煮熟後再用小火慢煮十分鐘，然後加入薏米煮粥。每日吃一碗，美膚有奇效。

11、粳米150克，杏仁100克，白糖500克，鮮奶250克。先將粳米洗淨浸泡後，再把杏仁去皮放入米中研末成米漿。鍋內清水放白糖煮沸後加入米漿，成粥狀時加入鮮奶再燒煮片刻即可。依照此法長期服用，可令皮膚細膩白嫩。

美麗物語

在食用苦杏仁的時候，一定要注意科學炮製。未經炮製的苦杏仁用量過多容易引發中毒，嚴重的還會有生命危險。苦杏仁的科學炮製方法是：用冷水浸泡三～五天後再用沸水煮透，可以去掉苦杏仁的毒性。

第10計·生新鮮黃瓜，美容頂呱呱

清爽的黃瓜備受男女老少的喜愛；做為一類飲食美容佳品，黃瓜更是在愛美人士中有口皆碑。

含水量高達96％～98％的黃瓜，不僅可以消暑解渴，令人滿口生津，而且還能補充人體肌膚的水分。黃瓜所富含的纖維素，在促進腸蠕動、通利大便和排匯腸內毒方面有很好的作用。黃瓜中所含的丙醇二酸的物質，無毒副作用，具有降低血脂和減肥的效用。同時，新鮮黃瓜中所含的黃瓜酶，對人體的新陳代謝和血液流通具有良好功效。黃瓜還能增強皮膚的氧化還原作用，有令人驚訝的潤膚美容效果。每日用新鮮黃瓜汁塗抹皮膚，就可以收到滋潤皮膚、減少皺紋的美容效果。

黃瓜中富含促進腐敗物質排出的細纖維素，因此，黃瓜對人體廢物毒素的排除也有很好效果。

黃瓜營養含量大集合

糖類：糖類是人體生長發育和生命活動的必需品。黃瓜中含有豐富的糖類，主要有：果糖、木糖和甘露糖，以及葡萄糖、鼠李糖、半乳糖；

維生素：維生素C（黃瓜中維生素C的含量是西瓜的五倍）、維生素A、維生素B_2、維生素E）。

此外，黃瓜還含有豐富鈣、磷、鐵、蘆丁、鉀鹽及多種游離氨基酸、細纖維素、綠原酸等成分。

黃瓜美容妙法大薈萃

黃瓜排毒

黃瓜和木耳搭配食用，具有很好的減肥排毒功能。富含多種營養成分的木耳被稱為素菜之葷。木耳中富含大量植物膠，能有效吸附人體消化系統內的雜質，然後集中排出體外；而黃瓜中的丙醇二酸，能抑制體內糖分轉化為脂肪，進而達到減肥的功效。兩者搭配，具有排毒清腸的作用，能有效和血滋補，平衡營養和減肥。

黃瓜蛋清膜

黃瓜去皮榨汁，熟雞蛋蛋白搗碎和黃瓜汁混在一起，加白醋少許，調勻後，塗於眼部，閉眼養神十分鐘後洗淨，然後輕輕按摩眼部肌膚。上述材料再加麵粉，也可製成面膜敷臉。

黃瓜貼片

黃瓜水浸十幾分鐘後切片敷臉，二十分鐘後揭下洗淨。頸部也可以多貼，同樣能使頸部皮膚美白。黃瓜貼片還具有成品面膜所沒有的優點，就是不必忌諱眼睛周圍的敏感肌膚，因為黃瓜貼片沒有副作用，不會產生刺激。

黃瓜貼片能有效去除日曬引起的黑色斑，同時也有滋潤皮膚的良好作用，能使粗糙的肌膚更柔潤健美。

或者新鮮黃瓜切成薄片，先用熱毛巾在臉部仔細擦拭，接著仰面將黃瓜逐一貼在臉部，十分鐘後揭下，再用熱毛巾把臉部擦拭乾淨。此法每天一次，長久堅持可以清潔毛孔污垢，柔潤肌膚，讓妳舊貌換新顏。

生吃黃瓜

用黃瓜拌粉皮、拌海蜇、拌麵、拌肚絲、拌雞絲，也可拿整根黃瓜當水果吃。

黃瓜汁

黃瓜榨汁擦臉，一天擦一次，能美膚去皺，效果很好。

黃瓜檸檬汁

熟雞蛋取其蛋白攪成糊狀，將一條黃瓜去皮榨汁（過濾後留汁去渣），然後將適量的檸檬汁和榛子連同黃瓜汁攪勻，一邊輕輕地往裡面倒入經過攪拌後的蛋白。最後將其均勻地塗抹於整個臉部。保持十五至二十五分鐘，用溫水沖洗乾淨。

黃瓜珍珠膜

新鮮黃瓜榨汁後，往黃瓜汁裡面加入適量的麵粉或珍珠粉。攪勻後塗抹在臉部，十分鐘到十五分鐘後揭下洗淨。

蒜茸黃瓜

黃瓜500克、蒜茸20克、鹽18克、味精12克、糖8克、蔥油60克、香油15克、米酒10克。

黃瓜清洗乾淨削皮，切成均勻的稜形塊，用上述調味料拌勻即成。這道黃瓜菜鮮嫩爽口，經常食用具有促進肌膚美白的作用。

黃瓜美容奶

　　美容減肥效果良好的黃瓜和具有非凡潤膚能力的牛奶搭配，那是最好不過的了。新鮮黃瓜去皮，切片或刨絲，以1：10的比例，放入熱牛奶中浸泡，待牛奶涼後，濾去黃瓜片或絲，即為黃瓜美容奶，可用來早晚擦臉各一次，可以放在冰箱冷藏。這個美容方法簡單方便，隨手可做，經常使用美白效果明顯。

黃瓜番茄貼

　　番茄和黃瓜切片，分別貼於雙面頰部、額部及鼻翼兩側，十分鐘後交替更換一次，再保持十分鐘，能夠有效滋潤皮膚，令皮膚光滑細嫩富有彈性。

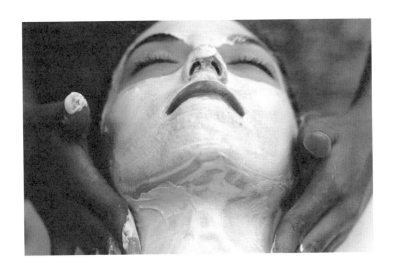

美麗物語

黃瓜的護膚禁忌

這麼好的水果佳品，這麼好的美膚尤物，並非適合每個人。因為黃瓜品性寒涼，所以，脾胃虛寒、慢性氣管炎、腸胃潰瘍、結腸炎的老年、小孩病人，不宜食用；上述成年病人患者，不要生吃，可添加其他有益脾胃的調味食品，混合炒成菜餚食用。

黃瓜貼面的時間，不能超過二十分鐘。時間過長黃瓜會反過來吸收皮膚的水分。

黃瓜和其他食品搭配不當也會影響營養的發揮，對人體造成不適。

黃瓜切成小丁和煮花生攪拌，是一道爽口清新的涼菜，備受喜愛。但是這種吃法容易引起腹瀉。因為黃瓜品性甘寒，而花生米油脂較多。性寒食物與油脂相遇，會增加其滑利之性，可能導致腹瀉，所以不宜同食。

黃瓜不能與芹菜、辣椒、苦瓜、芥藍搭配食用，黃瓜中的維生素分解酶，會損害芹菜、辣椒、苦瓜、芥藍中的維生素C。雖然這種吃法對人體無害，但會影響人體對於維生素C的吸收。所以，富含維生素C的蔬果盡量不要和黃瓜搭配食用。

另外，富含維生素C的番茄也不宜和黃瓜同食。

第11計‧紅糖一出，誰與爭鋒

西晉太康年間，出了位很有名的文學家——左思。左思曾作過一篇《三都賦》，此賦一出，在京城洛陽廣為流傳，人們嘖嘖稱讚，競相傳抄，一下子使用來抄寫的紙昂貴了幾倍，這就是洛陽紙貴的由來。而在日本，也曾經發生因為紅糖美容風靡一時，而導致日本的紅糖價格上漲的事情。

不僅在日本，中國古代也有「女子不可百日無糖」的民諺，其中的糖指的就是紅糖。可見紅糖在營養美容方面，有著獨特的價值。

紅糖的美白功能

紅糖沒有經過提純，營養天然全面，比白糖的營養價值要高。科學研究顯示，在等量的白糖、紅糖中，紅糖的鈣含量是白糖的三倍，鐵含量是白糖的兩倍，微量元素錳、鋅的含量也比白糖高。此外，它還含核黃素、尼克酸等有益成分。

紅糖甘甜溫潤無毒，具有潤心肺、和中助脾、緩肝氣、解酒毒、補血、破瘀的作用。紅糖裡面含有多種人體必需的氨基酸，而且容易被吸收，所以經常吃紅糖或者用它敷臉，可以養顏美容。

紅糖具有排毒養顏的良好功能：紅糖富含糖蜜，具有良好的排毒解毒功能。

紅糖具有抗氧化和排除人體細胞黑色素作用，因此紅糖是很好的防曬美白食品。紅糖中蘊含了胡蘿蔔素、核黃素、煙酸、氨基酸、葡萄糖等成分，對人體肌膚美白有良好的作用。

紅糖護膚養顏妙招

去斑面膜

紅糖6兩，用適量水和麵粉攪拌入鍋，文火煮成黑糊狀。稍涼後抹於臉部，五至十分鐘後用溫水洗淨，進而使皮膚變得光滑美麗。

增白面膜

鮮奶適量（奶粉替代亦可），紅糖6兩用熱水融化，加入鮮奶或奶粉，沖調後塗於臉部，半個小時後清水洗淨。每天一次，連續使用三個月，可以有效抑制皮膚中的黑色素，增進皮膚美白。

紅糖覆

適量紅糖鍋內加熱，融化成漿狀後熄火冷卻，然後敷於臉部，十五分鐘至半個小時後清洗，每週兩次。常用可美膚養顏。此外，用紅糖水敷臉，也具有排毒潤膚的功效。在秋冬季節使用此法，可以有效對抗皮膚因寒冷乾燥而導致的搔癢。

紅糖水

　　白木耳加紅棗或紅豆加枸杞，和紅糖用水調和後一起煮，有利尿作用，利於人體廢物毒素的排除。

美麗物語

紅糖的美容禁忌

紅糖不僅有美膚養顏的功效，還能延緩衰老，維持正常的新陳代謝。紅糖具有益氣養血、健脾暖胃、驅風散寒、活血化淤之效，特別適合產婦、兒童及貧血者食用。

但是，並不是所有人都適合吃紅糖。按照中醫的說法，紅糖屬於溫性食品，胃酸高的人，包括糜爛性胃炎、胃潰瘍引起的胃痛、糖尿病、高血糖患者都不宜食用紅糖。

紅糖不宜開水沖服，最好將紅糖水煮開後飲用。因為紅糖中含有多種雜質，直接沖服易損人腸胃。另外，紅糖的攝取不要過量，食用過多亦會導致肥胖或齲齒等。

紅糖和牛奶同食，會降低兩者的營養價值。所以最好分開食用。

紅糖和豆漿也不宜同食。因為紅糖內含草酸和蘋果酸，豆漿在酸的作用下發生「變性沉澱物」，不僅降低營養價值，還會對鐵、銅等微量元素吸收減少。故喝豆漿只能加白糖。

第12計・優酪乳，肌膚的美味飲品

譚女士對優酪乳情有獨鍾。半年前，有輕微腸胃不適的她，在醫生的建議下開始喝優酪乳。甚至有一段時間，她將優酪乳做為固定的宵夜，每天臨睡前兩個小時，喝杯優酪乳成了她的必修課。半年下來，譚女士驚訝的發現，她的腸胃功能有了很大的改善，而且讓她感到難以置信的是，原本略顯鬆弛發暗的肌膚，也變得光潔柔嫩。

帶著驚喜，她特意去詢問了她的保健醫生。保健醫生告訴譚女士，優酪乳首先殺菌消毒，然後再發酵成品後，營養豐富，具有改善腸胃，美容肌膚的作用。優酪乳裡面含有的乳酸菌，可以幫助消化，對腸胃有保健作用。優酪乳富含的維生素，能防止皮膚乾燥和皮膚角質化。其中優酪乳裡面的維生素C做為人體內的一種還原劑，能夠有效減少人體內黑色素的沉積，使得皮膚白皙柔嫩。優酪乳中所含鈣、鎂、鉀、鈉等無機礦物質元素，能改善血液的酸鹼度，減少皮膚中色素斑的形成。優酪乳中所含高活性無機礦物質微量元素鋅及維生素A、維生素E的某些衍生物等有助於體內某些有毒物質的轉化和排泄，減少對痤瘡的刺激，有助於緩解消退痤瘡症狀。

「優酪乳是人體皮膚的美容佳品，是滋養皮膚的美味飲品。優酪乳可增強人體免疫功能，有效降低人體膽固醇含量。」保健醫師告誡譚女士，每天喝優酪乳是非常好的飲食習慣，一定要堅持下去。

喝優酪乳的「正確知識」

什麼是喝優酪乳的正確知識呢？站著還是躺

著，蹲著還是坐著呢？呵呵，其實都不是，仔細看看下面的介紹，妳會明白如何才是喝好優酪乳的「正確知識」。

優酪乳，一般指酸牛奶。優酪乳的製作原料是新鮮的牛奶，經過馬氏殺菌後再向牛奶中添加有益菌（發酵劑），經發酵後，再冷卻灌裝的一種牛乳製品。

優酪乳和牛奶相比營養更高。優酪乳由純牛奶發酵而成，除保留了鮮奶的全部營養成分外，在發酵過程中乳酸菌還可產生人體營養所必需的多種維生素，如維生素B_1、維生素B_2、維生素B_6、維生素B_{12}等。即使是對乳糖消化不良的人群，喝優酪乳也不容易發生腹脹、氣多或腹瀉現象。鮮奶中鈣含量豐富，經發酵後，鈣等礦物質都不發生變化，但發酵後產生的乳酸，可有效地提高鈣、磷在人體中的利用率，所以優酪乳中的鈣、磷更容易被人體吸收。

明白了優酪乳的一些基礎知識，下面我們介紹優酪乳的「正確知識」：

優酪乳不要加熱

過高溫度會殺死優酪乳中的活性乳酸菌，這樣優酪乳的營養價值和保健功能會大大降低，也使優酪乳的物理性狀發生改變，形成沉澱，特有的口味也消失了。因此，優酪乳不要加熱飲用，夏季飲用宜現買現喝。

喝優酪乳勿空腹

空腹時胃內酸度增大，大量的胃酸能殺死乳酸內的乳酸菌，致使優酪乳的美容保健功能下降。喝優酪乳的最佳時間是飯後兩小時左右，這時候胃內酸鹼度增大，適合乳酸菌成長。

不宜與抗菌素同服

一些抗生素（氯黴素、紅黴素等抗生素，磺胺類藥物）可以殺死乳酸中的乳酸菌。但上述藥品並不影響優酪乳中營養物質的含量以及消化吸收。

喝完優酪乳要漱口

喝完優酪乳後即時漱口，可以減少乳酸接觸牙齒的機會。

優酪乳需要冷藏

優酪乳最好在4℃下冷藏，在保存中酸度會不斷提高而使優酪乳變得更酸。夏天熱時購買優酪乳一定要看販賣的有沒有冰櫃保存，否則很難保證優酪乳的品質。

把優酪乳當宵夜

減少三分之一的晚餐數量，將優酪乳或者鮮奶當做宵夜，睡前兩三個小時喝下，有利於睡眠品質和減肥，更能有效美容皮膚。

不可過於偏食

雖然優酪乳營養豐富但是不可過於偏食而忽略了食物的均衡搭配。乳製品營養豐富，但鐵、鋅和維生素C含量較低，需要從其他食物中補充。

搭配水果營養最佳

優酪乳如能和富含維生素C的水果搭配，能有效彌補優酪乳中的營養缺陷，為人體提供均衡的營養成分。並且優酪乳和水果搭配食用，口感、味道更佳。

勿和燒臘肉品共食

香腸、臘肉等加工肉製品裡面添加了亞硝酸，亞硝酸和優酪乳的胺作用會形成亞硝胺，而亞硝胺是致癌物。

美麗物語

優酪乳和優酪乳飲料是兩個不同概念。市場上部分的「含乳飲料」，故意混淆優酪乳和優酪乳飲料這兩個概念。一些優酪乳飲料包裝箱上標有明顯的「優酪乳」、「酸牛奶」、「優酸乳」等含意模糊的產品名稱，但是，仔細查看才發現旁邊還另有幾個關鍵的小字——「乳飲料」、「飲料」、「飲品」。

在配料上，酸牛奶是用純牛奶發酵製成的，屬純牛奶範疇，其蛋白質含量大於或者等於2.9%；而優酪乳飲料只含三分之一的鮮奶，蛋白質含量不到1%。因此，優酪乳的營養價值要比優酪乳飲料高出很多。

含乳飲料又可分為配製型和發酵型，配製型成品中蛋白質含量不低於1.0%稱為乳飲料，另一種發酵型成品中其蛋白質含量不低於0.7%稱為乳酸菌飲料，都有別於真正的優酪乳或牛奶。根據包裝標籤上蛋白質含量一項可以把它們與優酪乳或牛奶區分開來。

幾種優酪乳美容菜單

優酪乳可以變化花樣做出各種美食，也可變化花樣促進肌膚美白，既能提升胃口，又能美白肌膚，可謂一舉兩得。下面給大家介紹幾個優酪乳主料的「美容功能表」。

乳酸沙拉一 乳酸和番茄醬加入果糖和酸黃瓜末。

乳酸沙拉二 也可以嘗試別樣風味，用橄

欖油、香醋和檸檬汁，切碎的番茄外加切碎的黑橄欖，經過原味乳酸攪拌灑上適量黑胡椒粉。

優酪乳水果拼盤一 鮮嫩黃瓜數根，紅蘿蔔一根，洋蔥四分之一個，玉米筍數個，蘋果、香瓜各一個，木瓜一半，原味優酪乳60毫升，檸檬汁蜂蜜適量（各1小匙為宜）。

洗淨原料後將黃瓜、蘿蔔和洋蔥去皮切條，滾水將玉米筍稍微浸燙後放入冷水冷卻。香瓜、蘋果、木瓜去皮切片。在碟子中倒入優酪乳加入檸檬汁、蜂蜜攪拌均勻。將乳酸沾料放在盤子中間，四周擺放上述蔬果。

優酪乳蔬果拼盤二 冰塊一杯，純淨水適量，白砂糖四勺，無味花生醬半杯，優酪乳適量。蔬果原料、做法同上，冰塊打碎後加白糖和水攪勻放入優酪乳、花生醬，放置盤裡面即可食用。

乳酸美容 將臉部清洗乾淨後均勻塗上一層乳酸，熱毛巾敷臉，一分鐘後清水洗乾淨，可以有效美白肌膚。

優酪乳、檸檬汁和蜂蜜等量（100毫克為宜），將5粒維生素E研末調勻，敷臉保留十五分鐘後洗淨。此法可使表皮上的死細胞脫落，促進新細胞生長，達到皮膚健美的目的。

優酪乳浴 將洗澡水中放入適量乳酸沐浴，對肌膚有美容淨白作用。

乳酸面膜 優酪乳是許多人喜愛的美味飲品，但優酪乳面膜恐怕很多人還不熟悉。優酪乳中含有大量的乳酸作用溫和，而且安全可靠。優酪乳面膜就是利用這些乳酸，來發揮剝離性面膜的功效，每日使用會使肌膚柔嫩、細膩。做法也很簡單，舉手之勞而已。

果汁、蜂蜜、乳酸適量攪勻後均勻塗抹臉部，乾後揭下，清水洗淨臉部，可使皮膚光潔柔滑。

梨洗淨去皮去核搗碎濾渣加優酪乳攪勻敷臉，每週兩次。此面膜能使皮膚緊實富有彈性，適合油性、中性皮膚。

適量優酪乳和麵粉調成糊狀，均勻塗抹在臉部十五分鐘，溫水洗淨即可。此面膜有清潔皮膚作用，能使肌膚柔嫩光滑。

蜂蜜、優酪乳攪勻後敷臉，十五分鐘後洗去，適合中性皮膚。

優酪乳、蜂蜜一小勺，外加麵粉適量、草莓四顆。草莓洗淨榨汁和蜂蜜、麵粉、優酪乳攪勻，在塗抹前先將臉部抹濕，十五分鐘後洗淨。

美麗物語

優酪乳美髮

妳想省下美容院護髮的錢嗎？優酪乳可以幫妳省錢。做為一種高效的美容食品，優酪乳不僅在護膚美白上表現出色，而且還能使秀髮變得柔軟光澤。

洗頭沖淨後，用優酪乳充當潤髮乳使用，可使頭髮柔順。

一個蛋黃、少許橄欖油、乳酸適量調糊，塗抹在頭髮上按摩頭皮，半個小時後用二、三十度水溫的清水洗淨，可以有效恢復受損頭髮。

第*13*計・養膚十大件 肌膚一百分

　　這是我們根據研究結果，所排列出的十大最為保養皮膚的美容食品。其他的食品們也請見諒，我們的排列絕對沒有厚此薄彼的意思哦，所謂的排行榜，只是根據食品對皮膚美容的綜合效用來進行選擇的。事實上，每一類存在於大自然的蔬果或者食品，都有或多或少的優點和缺點。

　　好了，下面讓我們來看看這十種最具有皮膚保養效果的食品到底是什麼吧！

青花菜

　　具有保持皮膚彈性、增強皮膚抗損傷力的青花菜，青花菜富含的營養成分居於同類蔬菜之首。它富含胡蘿蔔素和維生素，以及蛋白質、脂肪和糖分，對於保持皮膚彈性，降低皮膚的損害程度具有良好功效。

　　食用方法：下面介紹一款百合炒青花菜

　　青花菜125克，百合（乾）50克，新鮮香菇60克

　　調味料有：白砂糖2克，香油、胡椒粉、薑、鹽各適量，太白粉7克、沙拉油8克

　　百合洗淨滾水中煮三分鐘後清水洗淨，將水瀝乾；新鮮香菇洗淨切片；太白粉適量

加水調勻，然後加入白糖少許，水開後煮百合，五分鐘後撈起瀝乾水；青花菜洗淨後開水煮一分鐘瀝乾水切成小朵，置油鍋加油熗薑片，先將新鮮香菇炒幾下後放入青花菜和百合，然後加入素湯、鹽、白糖、麻油、胡椒粉和薑汁適量，勾芡起鍋即可。

這道菜味道清香，常吃可以美膚養顏。

這點要注意：青花菜最好不要和牛奶同吃，以免影響鈣質的吸收。

胡蘿蔔

胡蘿蔔具有保持皮膚光澤細膩和減少皮膚皺紋的良好效用。胡蘿蔔中 β 胡蘿蔔素含量是普通蔬果的30到100倍，同時還富含蛋白質、糖分和多種維生素。胡蘿蔔素的抗氧化功能很高，能有效保護皮膚細胞的完整，是用於防曬的最佳食品。

食用方法：胡蘿蔔適合搭配肉類炒或者燉。

這點要注意：胡蘿蔔與白蘿蔔不要同吃，容易影響維生素C的吸收。

牛奶

牛奶能增強皮膚張力，對抗皮膚衰老，是不可多得的美容佳品。

這點要注意：牛奶切忌高溫長時間的煮；喝牛奶前後不要吃橘子，以免影響人體對牛奶營養的吸收；服藥前後也不要喝牛奶；牛奶不宜和巧克力同食，以免影響鈣的吸收；鮮奶不必加糖；煮後的鮮奶如果加糖，也要等涼了之後再加糖。

大豆

大豆的維生素E含量十分豐富。所以大豆及其製品，能有效抵抗皮膚衰老；而大豆中的大豆異黃酮，能保持女性肌膚的彈性。

食用方法：大豆中含有蛋白酶抑制劑、植酸等不利於消化的物質，直接食用吸收率只有65%。如果改食豆製品，效果更好。大豆製成豆芽後，還會產生一定量的維生素C，維生素C具有美白皮膚的作用。

這點要注意：大豆富含的營養價值極高，但是消化性潰瘍患者、胃炎患者、急性胃炎和慢性淺表性胃炎病人、腎臟疾病患者、糖尿病腎病患者、傷寒患者、急性胰腺炎患者以及痛風患者，上述病症的人，在吃大豆或者大豆製品時千萬謹慎，要遵從醫囑。

奇異果

富含維生素C，可干擾黑色素生成，預防色素沉澱，保持皮膚白皙，並有助於消除皮膚上的雀斑。

這點要注意：由於奇異果性寒，故脾胃虛寒者應慎食，經常性腹瀉和尿頻者不宜食用，月經過多和流產的病人也應忌食。有人食用奇異果可能會過敏，如過敏千萬不能再食用。

番茄

含有胡蘿蔔素和番茄紅素，有助於展平皺紋，使皮膚細嫩光滑。常吃番茄還不易出現黑眼圈，且不易被曬傷。

食用方法：番茄紅素和胡蘿蔔素都是脂溶性的，生吃吸收率低，和蛋炒或者做湯吸收率較高。番茄還可以外用，將鮮熟番茄搗爛取汁加少許白糖，每天用其塗臉，能使皮膚細膩光滑。

這點要注意：吃番茄也有禁忌。番茄不宜和黃瓜同食；服用肝素、雙香豆素等抗凝血藥物時不宜食用；空腹時不宜食用；未成熟的番茄口感苦澀，吃後胃部不適，容易導致中毒。所以未成熟的番茄不要食用；不宜長久加熱烹調後食用；服用新斯的明或加蘭他敏時禁止食用。患有急性細菌性痢疾和急性胃腸炎的病人吃番茄容易導致病情加重。

蜂蜜

含有大量易被人體吸收的氨基酸、維生素及醣類，常吃可使皮膚紅潤細嫩、有光澤。

食用方法：蜂蜜不能用開水沖泡或者高溫蒸煮，因為經高溫後有效成分如酶等活性物質會被破壞。新鮮蜂蜜可直接服用，也可調成水溶液服用，最好使用40度以下的溫開水或冷開水稀釋後服用。

蜂蜜的食用時間也有講究。一般在飯前1～1.5小時，或飯後2～3小時較為適宜。神經衰弱者應在每天睡前服用。

這點要注意：蜂蜜雖然名列美容皮膚的十大食品之列，但是糖尿病患者以及血脂高的人最好少吃或者不吃。

肉皮

富含膠原蛋白和彈性蛋白，能使細胞變得豐滿，減少皺紋，增強皮膚彈性。

食用方法：肉皮的脂肪含量很高，食用肉皮的時候，最好要減少其他食物中脂肪的含量，否則容易造成攝取的脂肪過量，而引起肥胖。

鮭魚

鮭魚油中含有的OMGA-3是一種人體必需的脂肪酸，它能提高抗氧化酶的作用，消除破壞皮膚膠原和保濕因子的生物活性物質，防止皺紋產生，避免皮膚變得粗糙。

食用方法：經常吃鮭魚，可以起到減少皺紋的作用。但在吃鮭魚的過程中必需戒糖，控制精製澱粉，補充維生素和礦物質，否則無法達到減少皺紋的效果。

這點要注意：某些人對鮭魚過敏，吃後會引起咳嗽、紅疹甚至發燒，要根據自身情況食用。

海帶

是一種含有豐富的維生素和礦物質的鹼性食物，常吃能夠調節血液中的酸鹼度，降低血脂和調節膽固醇，防止皮膚過多分泌油脂。

食用方法：在購買海帶的時候，那些顏色鮮豔、質地脆硬的，一般都是化學加工過，不能夠食用。海帶在生產加工過程中容易被重金屬污染，所以在烹飪之前先用水泡一泡，並要清洗乾淨。

這點要注意：吃完海帶之後，不要馬上吃帶酸味的水果，也不要立即喝茶。因為酸味水果和茶水都有植物酸，會影響人體對海帶中鐵含量的吸收。孕婦和哺乳期的婦女在吃海帶的時候一定遵從醫囑。

第14計・OL的膳食寶典

今天的OL們往往要面對著緊張的快節奏生活，工作一忙起來，多是以簡餐果腹，而且很多人在選擇簡餐時，對於一些高脂肪、高蛋白食品情有獨鍾，人體攝取過多蛋白質，只有少數被人體吸收，其餘的白白浪費。長期下來，往往會皮膚變差、營養不足、體力不支，其實，要改變這個現狀很容易，學學下面的膳食要則，就能促進人體的營養均衡，給妳無比光鮮的面子。

葷素粗淡 一二三四

葷：魚類、大蝦、海鮮類第一位，雞、鴨等禽類跟在後，然後才是羊肉、牛肉，最後是豬肉。這樣排序可以減少人體脂肪的攝取。

素：選擇維生素含量豐富的綠色新鮮蔬菜，時令、新鮮、顏色深重的蔬菜，是美眉們的最佳選擇。比如新上市的小白菜、菠菜、空心菜、芹菜、番茄、嫩萵苣等等。蔬菜生吃要比熟吃營養更加豐富。記得要經常花樣翻新，不要光迷戀一種蔬菜。

除了新鮮的綠色蔬菜之外，還要吃胡蘿蔔、番茄等紅色蔬菜。紅色蔬菜能提高人體的抗氧化力，對皮膚美容和營養均衡有很好的作用。

科學的膳食搭配，水果不可或缺。如果妳每天能吃一斤蔬菜、四兩水果，那是最好不過的了。每天吃含維生素豐富的新鮮水果至少1個，長年堅持會收到明顯的美膚效果。每天進食蔬菜、水果，可以幫助每天靜坐不動的OL們促進消化、防止便秘和減少膽固醇含量。水果蔬菜中的飲食纖維，是人體所需的最佳營養成分。如果時間緊迫沒有時間細品水果，可以利用空閒時間自榨果汁備用。當然，市面上的果汁飲品也可以成為替代選擇。水果要在兩餐中間吃最好，飯前、飯後立即吃都不科

學。

　　如有條件，最好每天喝上一杯優酪乳。優酪乳中含有豐富的鈣質和
益生菌，能強壯骨骼，幫助消化，增強腸胃功能，進而達到細膚美白的

目的。

粗：每天的精細美食，會導致身體營養單一。如果能夠適當進食雜糧粗飯，不僅能改變飲食口味，更能健身美膚。粗糧中的豆類，富含蛋白質，是最好的粗糧食物之一。

淡：多吃清淡食物，拒絕鹹味重的食品。除此之外，每天還需要多喝開水，即時補充體內水分，促進新陳代謝，增強體質。

一二三四：一杯優酪乳；兩盤蔬果；三碗粗飯；四份葷肉。

有研究顯示，即便吃同樣食物，有的人會越吃越胖，越吃越不健康，而有些人卻不會。而造成這種結果和飲食搭配是否科學、均衡關係很大，如果妳也希望妳的飲食夠健康，不妨參考一下下面的食譜：

一份三餐菜單

營養早餐：一份牛奶或者豆漿，外加一個水煮蛋和包子，沒有包子也可以是同類型的主食。如果有份水果沙拉就最好不過的了。記得一定要以清淡為主。如果過於油膩，會給腸胃帶來過重的負擔，導致大腦供血不足。

早餐食譜中可選擇的食品有：穀物麵包、牛奶、優酪乳、豆漿、水煮蛋、瘦火腿肉或牛肉、雞肉、鮮榨蔬菜或果汁，保證蛋白質及維生素的攝取。

豐盛午餐：午餐要求食物種類齊全，能夠提供各種營養素，緩解工作壓力，調整精神狀態。所以可以以麵食或者米飯一份為主食，外加一份青菜；然後是魚、蝦、肉、蛋和豆腐，以增加營養。也可以多用一點時間為自己搭配出一份均衡飲食，中式速食、什錦炒飯、雞絲炒麵、牛

排、豬排、漢堡、綠色蔬菜沙拉或水果沙拉，外加一份高湯。要記得午餐的標準是吃飽。

　　清淡晚餐：主食（米飯或者麵食）加上一份蔬菜和葷菜，外加一份湯，比如番茄蛋湯。晚餐切勿進食過飽，宜清淡，注意選擇脂肪少、易消化的食物，但要注意湯水的補充。晚餐營養過剩，消耗不掉的脂肪就會在體內堆積，造成肥胖，影響健康。晚餐最好選擇麵條、米粥、新鮮玉米、豆類、素餡包子、小菜、水果拼盤。偶爾在進餐的同時飲用一小杯飯前酒或紅酒也很好。

第二章

美白加防曬
面面要俱到

肌膚如何更加細嫩光滑？美白和防曬雙管齊下，會使妳的皮膚達到最佳狀態。本章主要介紹了不同膚質、不同季節的防曬美白方法，對曬後修復問題也做了較為詳盡的說明。相信我們的美眉們讀後，對於如何防曬，讓肌膚遠離紫外線的侵擾，會有一個全面的認知。

第15計・不同膚質 不同妙方

這一天，美容院裡來了五位客人，有朋友向她們推薦了這家美容院中的一種護膚療法，於是她們約好一起來做美容服務。

經過測試之後，美容師發現這五位客人的皮膚分別是乾性皮膚、中性皮膚、油性皮膚、混合型皮膚和敏感型皮膚。於是美容師告訴她們說，因為她們的膚質各異，因此並不適用於同一種護膚療法。正好幾位客人的膚質類型基本上包含了所有的肌膚類型，所以，在為她們提供相對的護膚服務之前，她可以先向她們講解一下適合每個人膚質的美容方法。

中、乾性皮膚美白方法

「中性皮膚和乾性皮膚在美白護理方面的方法基本上是一樣的。」在分析了中性、乾性皮膚的特點之後，美容師說。補水、保濕永遠是肌膚護理的基礎，所以，中、乾性皮膚美白關鍵是補水、保濕。

美白方法：

日間保養：按照先後順序，保養方法如下：保濕型洗臉乳→美白化妝水→保濕精華液→美白乳液（滋潤型）→防曬品。

晚上保養：同樣是按照如下的保養順序：卸妝→保濕型洗臉乳→美白精華液→美白乳液（滋潤型）。

特殊保養：面膜不要太頻繁，一週做兩次美白保濕面膜即可；一週最好做一次去角質美容。

美白煩惱：美白產品最適宜在保濕狀態下使用，最忌諱皮膚乾燥。

美白關鍵：美白保濕是乾燥型肌膚的第一要務。肌膚水分充足可以使肌膚自然代謝正常化，防止色素沉澱，形成黑斑、雀斑。

油性皮膚美容方法

　　對於油性皮膚，我們在美白的時候可以進行針對性的護理。油性皮膚美白關鍵是清爽、無油、深層清潔。

美容妙方：

日間保養：選用適合油性肌膚所用的洗臉乳，然後進行收斂化妝水，第三步是美白精華液，第四步是無油乳液，最後塗抹防曬品。

晚上保養：按照下面順序，首先是強力卸妝油，第二步是油性肌膚專用洗臉乳，第三步是收斂化妝水，第四步美白精華液，最後一步是塗抹無油乳液。

特殊保養：油性肌膚的女性最好一週做一次美白面膜，一到兩次去角質護理。

美白煩惱：帶油性的防曬產品使得肌膚更加油膩。

美白加法：深層清潔加全面美白。

美白密碼：全面徹底清潔肌膚，外加美白化妝水，雙重呵護更有效。

美白關鍵：油性肌膚的女性，使用無油美白乳液最好不過。既能提供營養，又可以改善臉部油膩狀態。

混合性皮膚美白方法

　　介紹完油性皮膚後，美容師繼續介紹混合型皮膚的美白方法：「混合型皮膚的美白關鍵是清潤溫和、保濕。」

美容方法：

日間保養：分為五步走：第一步混合性肌膚專用洗臉乳，第二步護膚
水；第三步T字部位控油乳液；第四步日用美白產品；最後一
步是防曬霜。

晚上保養：分為四步走，第一步卸妝，第二步潔面油，第三步爽膚化妝

水，第四步美白晚霜。

特殊保養：每週一兩次美白面膜，一次去角質護理。

美白煩惱：混合性皮膚的人毛孔粗大，很容易影響美白效果。

美白加法：淡化斑點和油水平衡雙管齊下。

美白關鍵：混合性肌膚雙頰容易乾燥，所以要做為重點補水部位；T字部位毛孔容易變得粗大，還容易出現斑點。所以油水平衡是美白的關鍵。

敏感性皮膚的美白方法

美容師給敏感性皮膚開出了一句話的美白藥方：「先補水保濕，降低皮膚過敏率，再美白。」

美麗物語

女性在選用美白產品的時候，最好「從一而終」。也就是說，最好使用同品牌和同類產品。

第16計·四時景不同 美白也變招

春蘭秋菊夏雨冬霜，季節不同，景物也各自不同。美容也是如此，春、夏、秋、冬四時，美白方法也要個別對待。

春季美白攻略

一年之計在於春。春天萬物復甦，護膚美白也應該早做打算。那我們就從春天開始，啟動妳的美白計畫吧！

潔面、柔膚和滋潤

春天天氣冷熱不定，在這種天氣狀況下，皮膚變得十分敏感，而且毛孔也容易堵塞。樊小姐的美白攻略是做好潔面、柔膚和滋潤方面美白的基礎工作。

美白第一步是深層潔面。注意要選定幾種具有美白、深層潔面成分的美白潔面產品。因為這些產品的美白成分最先接觸到肌膚，溫和地清潔皮膚表層，使肌膚潔淨而有光澤。

第二步是選定適合的美白化妝水，使用含有水質美白成分的化妝水能夠讓肌膚柔順。因為此類化妝水的營養成分容易被吸收，並且進駐細胞內部。

下面該做的就是滋潤皮膚了。為了更好的滋潤皮膚，要選擇具有高度潤澤保濕配方的乳液，此類乳液對肌膚有很好的滋潤作用，長期使用可以讓斑點明顯變淡，肌膚透明、白皙、滑潤，是日常美白的鞏固步驟。

面膜和防曬

除此之外，定期使用面膜也是不可或缺的護理方法哦。雖然面膜不需每天使用，但定期使用則具有階段性地加強美白、淡化色斑的作用。

春天的陽光儘管不是很強烈，但是防曬卻不可或缺。春天氣溫雖然不高，但紫外線的照射強度卻很高，和夏天相比毫不遜色。在春天，高空中的臭氧層含量減少到最低，紫外線含量尤其高，高含量的紫外線肆無忌憚地照在人的身上，長期日曬下來，皮膚是很容易變黑。因此，想要美麗的美眉們一定要把美白防曬列為春季護膚的要點。

美麗物語

春天用的防曬品防曬指數多少最合適？專家建議，如果是辦公室的上班族，防曬指數在SPF15～20/PA+就夠了。如果妳經常外出，建議選擇SPF25/PA++左右的防曬霜。

同時，春天也是肌膚敏感易發時期，假如所選防曬品的防曬指數過高，會對皮膚造成過大負擔，反而使皮膚受損。因此，選用春天用防曬品的時候，不宜選擇防曬指數過高的產品。

如果妳常坐辦公室，而且日霜中已含有防曬指數，則不必另選防曬霜。經常外出暴露於陽光下的人，則建議另加一層防曬霜。如果妳喜歡以淡妝示人，防曬粉底則是很方便的選擇。

易敏感性肌膚的人在選擇防曬品牌時，一定要謹慎。相對而言，藥妝或無添加防曬霜引發敏感的機率會小一些。早上抹防曬霜十分鐘以後再塗粉底，以保證防曬保護膜的形成並可有效隔離彩妝。

夏季美白方法

　　在炎熱的夏季，面對著頭頂上肆無忌憚的烈日，很多的美眉都心裡怕怕的，到了這個時候，防曬就成了一個永恆的熱門話題了。

　　毫無疑問，夏天護膚的頭等大事就是防曬了，要成功抵禦紫外線的侵襲，才能讓我們的肌膚年輕、水嫩、白皙，不要覺得夏天的護膚異常的艱難，其實，只要四句話就可以搞定，快點記住它吧！

拒絕紫外線

　　選擇合適的防曬產品。有些化妝品包裝上有UV標誌，這表示含有切斷紫外線的成分。

愛上維生素

　　在多注意補充富含維生素C的水果食品的同時，這些食品在晚上最容易被人體吸收，所以建議晚上食用。富含維生素的食品有：番茄、黃瓜、馬鈴薯、胡蘿蔔、空心菜、牛奶、海鮮等。

保濕是基本

　　紫外線照射過久會致使皮膚起皺乾燥，所以皮膚保濕是夏天美白的一個重要環節。一個良好的習慣是早晚用冷水洗臉。

化妝水敷臉

　　化妝水敷臉同樣可以補充皮膚水分。裸露的皮膚在紫外線中時間過長，會處於缺水狀態。將化妝

水冷凍，然後用化妝棉沾取化妝水在兩頰進行五至十分鐘的敷臉，可使皮膚變得滋潤。

秋季美白工程

天高雲淡金風送爽，轉眼夏天過去秋天來了。秋天自有秋天的美容妙招。

在秋天，因為皮膚流汗和出油現象減少，所以肌膚吸收營養的能力大大增加，新陳代謝管道比夏天更加暢通。

秋天美白的兩個重點，一是深層護理，二是晚間美白。秋天美白護理的關鍵是多做深度護理，如按摩、面膜或精華素等方面的深層護理，促進皮膚吸收。秋天天氣開始轉涼，陽光強度減小。如果在晚間進行皮膚細胞的美白保養，能更有效抵擋第二天的秋日驕陽，進而達到理想的美白效果。

先補水再美白

日常生活中有一個現象：乾紙上滴一點墨水，墨水在紙上的滲入範圍比較小。如果在一張濕潤的紙上滴上相同量的墨水，墨水的滲入範圍會明顯加大，速度也很快。肌膚吸收營養成分也是這樣的道理。所以說我們一定要在濕潤的皮膚上使用美白產品，美白的成分才能最大範圍、最快速地被肌膚吸收，產品也才能發揮出最大的美白功效。

美白晚霜

夜間修護的最好幫手非晚霜類產品莫屬。晚霜類產品以其滋潤和修護的特殊功效被廣大女性所喜歡。夏季過後的日曬肌膚更需要美白晚霜的呵護，讓在整個夏天受到日曬傷害的肌膚可以得到很好的休息，也能

抑制黑色素的形成，讓皮膚徹底淨化，美白晚霜滋潤皮膚後，可以在第二天更加有效的阻擋秋日驕陽的侵襲。

美麗物語

降低防曬指數

在結束了夏季高溫曝曬之後，涼爽的秋風讓大家感到愜意。但是不能放鬆警惕，因為秋老虎還在逞威風，紫外線依舊照射皮膚。所以，秋天依然要注意防曬品的應用。但是在防曬品的防曬指數上，不要再沿用夏天的防曬指數，專家提醒，最好選擇一款低倍數的防護隔離產品。另外帶有粉底效果的隔離霜也是不錯的選擇。

保持皮膚光潔滋潤，就要堅持定期去除老化角質。但是在秋季，角質的去除次數不宜太頻繁，以每兩週一次比較合適。在去除老化角質後馬上使用一個保濕類或美白類的面膜，美白小臉馬上呈現。

冬季美白妙方

在冬天，美白天敵──紫外線的幅度大大減少，給美白護理提供了最佳的時機。冬季皮膚因為遭受紫外線侵襲減少，因此黑色素生成速度變慢，這個季節，如能循序漸進不間斷的實施冬季美白工程，可以將夏、秋季積存的黑色素徹底清除。如果妳懂得用下面這三個小妙招的話，那將更是事半功倍，將美白手到擒來。

妙招一、定期進行三白面膜的護理：所謂三白，用白芷20克、白茯苓20克、白芨40克、牛奶200克攪拌成糊狀，敷臉十五分鐘。

白芷、白茯苓和白芨，一般中藥店藥店都有售。找那種大一點的中

藥店，購買的時候要求店方磨成粉，一般是免費服務。這可是好多美女、模特兒、明星們的美白妙招哦。

妙招二、選擇合適的雙向美白套妝，一般而言，高品質的美白套妝具有還原和抵禦黑色素的雙重作用，並深入滲透肌膚抑制被紫外線啟動的黑色素，屬於「防守型美白」。

妙招三、多吃富含維生素C的水果和食物，如檸檬、柳橙等。

美麗物語

要掌握好防曬品的使用時間，在出門前十五分鐘塗抹防曬品最好。除了保護臉部防曬外、脖子、手臂、小腿等裸露在外的皮膚都要注意防曬。在挑選防曬品時，將防曬霜塗在手背上灑水，如能形成水珠，則表示防曬品的品質較好。

第17計·不同膚色的防曬秘密

　　我們首先來瞭解一下膚色的基礎常識。一般而言，從色調上來分，人的皮膚分為暖膚色和冷膚色兩種。膚色是由遺傳基因中的血色素、胡蘿蔔素和黑色素所決定的。

粉紅色肌膚：血色素偏高。

象牙色或金棕色肌膚：胡蘿蔔素偏高。

米色肌膚：血色素和胡蘿蔔素基本等量。

土褐色肌膚：血色素、胡蘿蔔素和黑色素基本等量。

玫紅色肌膚：胡蘿蔔素和黑色素少於血色素。

　　如果根據是否容易曬傷或者曬黑來分析，按照國際標準分成下面六個膚色，數字越大膚色越深：

1，皮膚不會曬黑但是容易曬傷，使用SPF15～30的防曬產品為宜。

2，皮膚曬後會稍微變黑，而且容易曬傷，最好使用SPF15～30的防曬產品。

3，皮膚曬後明顯變黑，曬後偶爾受傷，使用SPF15～30的防曬產品最好。

4，曬後明顯變黑，但是不容易曬傷，使用SPF10～15的防曬產品為佳。

5，某些人的皮膚呈褐色，曬後不容易受傷，比較適合使用SPF10～15的防曬產品。

6，曬後從來不會受傷的黑色肌膚，最適合使用SPF6～10的防曬產品。

東方人的膚色，一般在三到四之間。

粗略區分，國人膚色可以分為兩類：小麥膚色和白皙膚色。

不會生成皺紋，肌膚強健富有光澤，是小麥膚色的特點和優點。這種膚色的人只要平時注意保養，就能保持抵擋紫外線的侵襲。小麥膚色的人黑色素作用活潑，對於有害的紫外線，有良好的吸收作用。小麥膚色的人太陽一曬就會變黑，所以在抗曬方面同樣不能掉以輕心，要精心選擇適合自己的防曬品

黑色素數量少，是白皙膚色的特點。這種膚色就算曬到太陽也不會太黑，但是對於紫外線的侵襲比較敏感，如果防護不當，過度日曬之後很容易提前老化，長出斑點。所以白皙膚色的人既要戴帽子，又要選擇合適自己的防曬產品。

美麗物語

膚色較白的女性，在日光下長時間曝曬，膚色也不會變黑。但是有些防曬產品遇水或汗水容易脫落。所以要根據實際情況即時補塗，以便達到最好的防曬效果。

第18計 · 曬後復白全攻略

　　Carrie是個平面模特兒，這段時間她一直在戶外拍一輯廣告特輯，烈日炎炎的六月間，儘管她做好了防曬措施，但長時間曝曬於強烈的陽光之下，又沒有足夠的遮陽設施，回來後的她發現自己的皮膚摸起來粗糙乾燥，黑了不少，還有幾顆斑偷偷的冒了出來。這下子，Carrie可急了，工作一結束她就趕緊去找了自己的化妝師黃先生，讓他幫自己修復曬後的皮膚。

　　「不僅僅是紫外線灼傷，肌膚如果因缺少水分出油，或者皮膚被氧化後導致色素沉澱，都需要即時修復。」黃先生說。面對焦急的Carrie，黃先生給她介紹了四個曬後美白的妙招。

曬後修復第一招 鎮定皮膚 鎖住水分

　　皮膚遭受一天酷曬後，對皮膚的鎮定保養就顯得十分重要。黃先生用化妝棉沾取了化妝水，然後放在冰箱裡冷藏了十幾分鐘，之後，開始為Carrie做示範。

　　他先用化妝棉輕輕拍打Carrie臉部發紅發燙的部位。「對於敏感又容易脫皮的部位，比如鼻尖和額頭，可以用冰涼化妝棉敷上十幾分鐘，讓冰涼的化妝水安撫肌膚，並迅速補充表皮流失的水分。」黃先生一邊示範一邊講解。至於一些曬後面積較大的地方比如肩膀、背部及胸部等部位，可以用紗布沾些生理食鹽水或清水，將紗布冷藏冰涼，然後在刺痛部位敷二十分鐘左右。

　　「曬後修復，鎖水也是重要環節。」黃先生說，肌膚因日曬容易引起乾燥缺水，所以需要鎖定水分，緩解皮膚的乾渴。具體方法是，把黃瓜搗碎出汁，敷在曬傷部位大約十分鐘。黃瓜汁的清涼可以滲入皮膚，

消減疼痛。黃瓜汁對於皮膚的舒緩和清涼，恢復肌膚柔軟，促進細胞再生有較好的效果。

美麗物語

要注意保護好曬傷皮膚，曬傷修復之後，盡量避免再次曝曬。而且日曬後，不要急著使用去角質的化妝品。

曬後修復第二招 對症下藥 區別對待

「對症下藥雖然是一個醫學名詞，我們同樣可以應用到曬後修復上面。對於曬後的情況我們可以做出不同的處理方法。」黃先生說，高明的醫生和美容師一樣，絕不會開出千篇一律的方子，而是根據不同的曬傷情況，開出不同的修復處方。

症狀一、曬後出現發紅發癢

處方一、黃先生說，出現上述症狀要儘快脫離日曬環境，淨面後鎮靜皮膚減輕皮膚的發炎症。鎮靜皮膚時，可採用含大量化妝水的化妝棉做面膜，也可以用冰水敷臉。曬傷部位穩固後再塗抹乳液狀護膚品。

症狀二、曬傷部位有痛感，或者呈現紅腫狀

處方二、出現上述症狀先用冰水或者含有鎮靜成分的化妝水輕輕拍打來冷卻肌膚，止住發熱症狀。然後到醫院請醫生診斷，採取藥物治療。藥物治療期間一定要停止使用一切化妝品。因為藥品有副作用，切忌長期使用。

症狀三、皮膚曬出色斑或者雀斑

處方三、出現這種症狀可以使用松香油潤膚霜來恢復皮膚的潤澤，這種
　　　　化妝品有助於去除色斑，還可以塗抹含有氧化鋅或者二氧化鈦
　　　　的爽膚水。在防曬品選擇上，最好選用SPF15的防曬品。出門
　　　　的時候可以撐一下遮陽傘或者戴上寬邊帽。

症狀四、臉部黑斑、花斑

處方四、這已經不是單純曬傷的問題，妳已經患了皮膚病，臨床上稱損
　　　　容性皮膚病，應該迅速到醫院美容門診就診，不然曬傷越嚴
　　　　重，治療時間越長，效果越差。一般來說，療程都在數月以
　　　　上，而療程結束後仍然以到美容院保養為上策。

美麗物語

如果曬傷過於嚴重，自己無法調理進行美白修復，建議到美容院請專業
美容師進行長期調理性修復。

曬後修復第三招 不要忽略一些看似不經意的部位

　　「對於防曬美白，好多人會把注意力集中在臉部。其實，除了臉
部、脖子乃至手足，都需要進行曬後修復。」黃先生這樣一說，Carrie感
到十分驚訝：「怎麼，曬後修復還有這麼多名堂？」

　　臉部防曬修復，最容易忽略的兩個部位是眼部周圍和唇部。其實，
這兩個部位的肌膚相對來說更加柔弱，需要更細緻的護理。黃先生提醒
大家，使用強力補水保濕產品可以達到更好的曬後修復效果。

　　具體的方法是：用化妝棉沾取冰水敷在眼部和唇部；也可以用冰水或者礦泉水潤澤眼周和雙唇，一定要讓其自然變乾；眼部的護理還可以用滋潤型眼霜，但是用眼霜之前一定要使用保濕水，避免形成脂肪粒。除此之外還可以用蘆薈汁、青瓜泥等敷眼周圍。

　　黃先生給大家介紹了一個簡單的方法來進行曬後修復：加少許食用醋和花露水，或者藿香正氣水到浴缸中，這樣沐浴可以進行有效美白修復。同時，新近流行的曬後修復沐浴乳、清涼配方沐浴露都有助身體肌膚的安撫和修復。

曬後修復第四招：改善肌膚的自我修復能力

　　常言道：「未雨綢繆。」與其等肌膚曬傷之後用美白品進行修復，不如早早提高肌膚的自我修復能力。因為在曬黑之後，無論使用多麼高檔、多麼大量的美白產品，都無法讓皮膚有效回歸如雪白皙。對肌膚美白的效果來說，肌膚自身的修復能力才是關鍵，如果肌膚自我修復能力差，美白成分就無法吸收。

　　黃先生說，像Carrie這樣25歲以上的女性，最好每隔十天半月到美容

院，讓美容師做一次常規皮膚護理，在美容師指導下做美白和保溫特別護理，並且在美容師指導下選擇日常美容產品（日、晚霜）。用量少價格高的精華素以及精華油，美白效果明顯，但是需要在有經驗的美容師的指導下使用。

曬後美白修復大總結：

補水永遠站在第一位：每天二十四小時時刻牢記：補水才是肌膚的大救星。

未亡羊時先補牢，即時修復很重要：一旦出現曬傷症狀馬上進行修復，把肌膚的受損程度降到最低。

各個部位都關照，千萬不要厚此薄彼：有幾個部位非常容易被太陽曬到，比如前額、臉頰、耳朵和鼻樑等。這些極易曬傷的部位恰恰容易被人忽略。所以，晚上做補水和鎮定肌膚的工作時，需要對這幾個部位多多關注。

美麗物語

肌膚曬傷後，一定要注意用冷水洗臉。因為冷水可以冷卻肌膚，消熱退紅，而熱水則會使毛細血管充血擴展，出現潮紅，甚至長出曬斑。

曬後的肌膚不要急著使用去角質的化妝品，因為曬後皮膚很脆弱，最好一週後再考慮去角質的護理。

曬後皮膚出現水腫狀態，情況嚴重的要停止使用一切化妝產品，到美容院或者醫院諮詢治理。

對於含果酸成分的產品要謹慎使用。因為某些含有果酸的美白產品，會使皮膚輕微脫皮，脫皮後的皮膚更容易受到日光傷害。

第19計・不同部位防曬法

Carrie在諮詢完美容師黃先生的曬後美白修復方法後，緊接著又問到了身體不同部位的防曬方法。黃先生繼續耐心地給Carrie講解：

眼部防曬

一般的防曬粉底和防曬霜不能解決眼部防曬問題。眼部防曬需要採用專門的眼部防曬霜。一定要記住，有些臉部防曬霜是不能用在眼部周圍的。

有些美白產品的精華液，儘管溫和度已經顧及了眼部皮膚的使用，但這不是全部，大多數精華液不適用眼部肌膚。所以購買的時候，要諮詢美容顧問或看清說明書來確定這瓶精華液是否能夠用在眼周。

在使用眼霜防曬的同時，出門戴上太陽眼鏡或者經過防紫外線處理的墨鏡，都是眼部防曬的好方法。

美麗物語

為了防止眼部脂肪粒的形成，無論在使用什麼眼霜時，一定要注意溫柔用力。正確的方法是：在上眼霜之前，用無名指取適量眼霜，左右兩根無名手指肚互相揉搓，這樣可以使眼霜溫度升高，有利於眼部肌膚對眼霜營養的吸收。

眼部進行了良好的防曬美白護理後，輕柔細嫩的眼部皮膚將雙眼襯托得曼妙傳神。如果配上嬌豔欲滴的紅潤雙唇，走在大街上將大大增加回頭率。

唇部防曬

　　大多數美女不惜成本往臉上使用美容防曬品，但是十之八九的人會忽視唇部防曬。雖然唇部一直是女性們刻意美化的重點，但除了使用口紅以外，大多數人的唇部並沒有很好的採取防曬措施。唇部皮膚因為沒有皮下脂肪腺，不會分泌水和油脂，因此，唇部的防曬十分重要。只要依照以下三步，妳就會擁有嬌豔欲滴的雙唇：

第一步：妝前在唇部輕輕抹上一層富含維生素E的潤唇油，保持雙唇嬌柔，預防脫皮。

第二步：把妳常用的唇膏或唇彩換成具有防曬功能的產品，能有效地保護您的雙唇不受紫外線的侵害。

第三步：做好唇部的夜間護理。睡前要用專門的唇部卸妝液徹底卸妝，如果有脫皮現象的話可在睡前再抹上一層唇油。一週為嘴唇敷一次唇膜。

　　有些愛美的美眉既要保持唇部防曬，又要保持唇部的豔麗。一個好方法是：塗一遍有防曬功能的無色唇膏，然後塗上木莓色油性唇膏，這樣就可以達到兩全其美了。

　　除了合理使用化妝品外，多喝水、多吃蔬菜和水果也對唇部的情況改善大有裨益。

　　銅色、棕色皮膚的人適合塗抹紫中帶粉的唇膏。這種唇膏顏色能有效抵擋陽光照射，而且顏色恰到好處。

美麗物語

對天天使用唇膏的人而言，唇膏中的色素能幫助妳抵擋一部分紫外線，但如果經常不使用唇膏，那麼唇部被曬出斑點機會很大，而且很容易乾燥。在選擇唇部防曬品時，其防曬值不超過SPF15。

鼻子

很多人就算注意到了唇部的防曬，也往往容易忽視另外一個地方——鼻子。也許妳會覺得奇怪，鼻子不就和其他的地方是一樣的肌膚覆蓋嗎？為什麼還需要特別注意呢？

由於處在臉部最前沿，鼻子接收到的陽光比其他部位要多。而且鼻子上出汗較多，也是出油比較嚴重的部位，所以防曬霜更容易脫落。有醫學報告指出，1/3的皮膚癌細胞是從鼻子開始擴散的。鼻子的防曬護理，除了多塗防曬霜外沒有其他方法。一是比其他部位稍厚，二是間隔時間要短。視出汗、出油程度，兩個小時左右補抹防曬霜。

如果鼻子曬傷，可以用富含潤膚營養的面膜來冷敷，效果很好。

除了上述部位，耳朵、下巴、脖子，裸露的胳膊和胸部，還有腳丫子（夏天穿涼鞋），都要注意防曬。除了服裝遮掩外，需要塗抹合適的防曬美容產品。

頭髮

頭髮的防曬護理十分重要。一頭滋潤閃亮的頭髮可以使人看起來意氣風發。

乾性髮質者 由於沒有足夠的油脂層來保護，因而皮脂分泌少，很容易受到紫外線威脅。乾性髮質者頭皮乾燥，容易產生皮屑。

一些防曬護髮素可以增加髮絲的保護膜，同樣一些優質膜和免洗潤髮露也能達到這樣的效果。因此多用上述產品可以有效進行頭髮的曬後修復。還要注意洗頭後要讓頭髮自然晾乾，出門注意佩戴帽子。

油性髮質者 一到高溫天氣，頭髮由於皮脂分泌過多而變得油膩。這種髮質需要經常洗頭；同時搭配使用去油洗髮精和防曬髮素。洗頭時加入一些溫熱水，給頭髮吹風時，用梳子使髮根稍微直立，不至於緊貼頭髮。

受損髮質者 受損髮質者的頭髮髮尾枯黃，嚴重的髮尾還會分叉，頭髮缺少光澤。

這種髮質者需要經常修剪曬傷後長髮，每4週修剪一次髮梢；搭配使用防曬和滋養型美髮產品；如果曬傷嚴重可以將頭髮全部剪短後進行全面護理，護理好後再留長。

美麗物語

上述部位塗抹防曬霜時，要注意三個問題：

1. 清潔皮膚。

2. 一定要用化妝水。

3. 如果是乾性皮膚，適當抹一點潤膚乳。

第三章

全面排毒
百毒不侵

如果説，我們生活在「毒」的包圍中，妳一定會覺得這是危言聳聽，其實仔細分析，這種説法並不過分。妳看，日曬裡面含有紫外線的毒素，汽車排放廢氣，大氣污染裡面都含有不同程度的毒素。在飲食過程中，一些食品添加劑裡面的毒素同樣會被人體吸收。除此之外，人體新陳代謝也會產生毒素。另外，沒有規律的作息，工作壓力大，經常吃外賣，也會加重身體的毒素。

怎麼才能知道皮膚「中毒」了呢？下面的這個「中毒」測試，能幫助妳認知皮膚的「毒性」。

1、皮膚乾燥粗糙晦澀，缺少光澤。

2、容易出現過敏，皮膚抵抗力下降。

3、皮膚顏色雖然不是很黑，但是呈現暗沉發黃狀態。或者皮膚顏色加深，但不是那種健康的小麥膚色，而是黯淡的黃褐色。

4、雖然天氣溫度降低轉涼，但是皮膚出油更厲害。

5、儘管堅持用眼霜，但眼袋和黑眼圈依舊明顯。

6、原本就有的色斑更加明顯，而且臉頰、額頭、下巴的痘痘和粉刺不停地長出。眼角和嘴角出現細幼皺紋，儘管看起來不是很明顯。

測試過後，看看妳的皮膚符合上述幾點。如果有三點以上，美眉妳就要注意了，這説明皮膚比較「毒」，也就是毒素沉澱比較厲害，趕緊行動起來，排排毒美美容吧！

美麗物語

美容專家提醒，如果肌膚在排毒之前沒有徹底淨化，就無法起到應有的效果。所以有美容專家建議，排毒比保濕更加重要。

第20計 · 臉部排毒

　　Carrie今天在家休息，她約了朋友Susan到家裡來玩，然而，當她打開門，看到Susan的那一刻立刻就嚇呆了。不過才三個月不見，Susan已經臉色憔悴、膚色暗沉，看起來精神差的不得了。Carrie驚訝極了：「Susan，妳的臉色怎麼這麼憔悴哦！一定是中毒過深了！」Susan大吃一驚：「中毒？妳別嚇我啊！什麼中毒啊？」Carrie連忙解釋道：「中毒就是說妳的肌膚毒素堆積過多了，可不是妳想的那樣。」Susan鬆了一口氣，問道：「那我該怎麼辦呢？」

　　Carrie給Susan沏了一杯綠茶，坐下來給Susan介紹臉部排毒的妙招。

　　Carrie先是介紹了一套 「自我緊容護理按摩法」。任何品牌的精華液、面霜用手掌溫熱揉開後，都可採用這套手法促進臉部排毒和產品吸收：

1、盤坐後，手肘放在膝蓋上，臉朝下，將頭部的重量放在雙掌中（這有助於將臉部的淋巴毒素集中到中線位置，藉助按摩加以排除）。

2、將額頭置於掌心，並用掌心按壓額頭。

3、雙手掌心朝上，掌心完全覆蓋住眼睛與眼睛四周，手指蓋住額頭。

4、雙手避開鼻子部位，滑至雙頰，按壓。

5、雙手張開，手指指向兩耳，由下往上托住（或者說「握」住）下頦。

6、雙手略微往上，食指插入耳後，中指按住耳中（穴位），雙手其餘部分按住臉頰（以上每個動作都保持十至十五秒）。就這麼簡簡單單的一套動作，能夠促進淋巴排毒與血液循環，間接地也有助於加快斑印的代謝。如果配合使用纖美緊容霜，則雕塑臉型和消除眼部浮腫的效

果就更好了。

如果覺得上述方法比較繁雜,那麼還有一套簡單的按摩手法(配合各種排毒美白產品的使用),適合那些不願意上班遲到而又賴床的女生:

1、耳朵前面的部位(太陽穴下部後側),用大拇指按壓十多次。

2、從顴骨到太陽穴再到內眼角,按照這個線路用食指以順時針方向畫圈方式按壓。

3、雙手覆蓋臉部十分鐘左右,雙手靜止不動,當妳感到肌膚微微發熱後即可停止。

4、雙手從臉部中央往兩側按摩臉部肌膚。

專家解疑:

問:有人認為自己的皮膚很好,是否需要排毒?

答:無論多好的皮膚都生活在空氣中,每天要接觸空氣中的灰塵和汽車排放廢氣,還有飲食和化妝品中的毒素,都能在皮膚上形成毒素。所以無論多麼好的皮膚都需要排毒。

問:一年中需要做幾個排毒療程?

答:皮膚毒素的累積是長時間形成的,做一次就能看出明顯的效果。但是排毒不必常年做,一年中建議做兩個療程最合適。

問:排毒是否可以代替其他方面的皮膚護理?

答:排毒也是皮膚護理的程序之一,而且是最基礎程序,不能代替其他方面的護理。排毒後再進行化妝護理,可以促進皮膚吸收營養。

美麗物語

排毒瑜伽

這套瑜伽能夠幫助我們經常伸展平時不易活動的肌肉，不僅精力旺盛，而且還可以有效排除肌膚毒素。

這套排毒瑜伽分為如下三步：

第一步 意識要集中於腰腹部位。一隻手放在小腹部位，打坐後，一隻手手心向上放於膝蓋之上。慢慢吸氣，均勻吐氣，用手掌感受腹部在吸呼間的起落，凝神冥想。

第二步 意識集中於肩肘部位。坐在自己的小腿上，頭向下朝地面方向跪臥，並向正前方慢慢伸直兩臂。身體盡可能向指尖方向平伸，均勻呼吸。

第三步 意識集中於脖子部位。平臥後，用雙手抱住向上收回並曲起的兩腿膝蓋，讓自己的脖子努力向膝蓋方向靠近，同時感受深長均勻的呼吸，不強求動作到位。

第一節 · 眼部排毒

Carrie給Susan介紹完臉部排毒的妙方之後，Susan緊接著問：「妳看我的眼部是不是也有毒素？眼部的毒素怎樣排除呢？」

Carrie告訴她，眼部的排毒，除了用合適的排毒美容品之外，還需要結合眼部按摩：

第一步：手指指肚從上眉骨處開始，就像彈鋼琴一樣，由內至外繞眼部周圍彈動，然後輕按太陽穴。

第二步：用中指指肚由內到外輕輕地順著眼窩輕滑至下眼頭，這個動作要重複三次，並在第三圈時滑至太陽穴，輕按十五秒，移至眉頭下方，動作完成。此舉可以促進眼部周圍的血液循環，加速眼部的排毒。

第二節 · 嘴部排毒

介紹完眼部排毒後，Carrie將Susan帶到鏡子面前，讓Susan伸出舌頭：「看見了沒，妳的舌苔上有一層白膩的東西，這就是毒素累積的症狀。」 Carrie接着說，舌苔上的白膩物質，是因為脾胃有濕熱，產生毒素的緣故。舌苔上有這種毒素會引起口氣不清新，因此嘴部排毒也是必要的。

另外，難以去除的牙垢、牙菌，也會增加嘴部毒素的沉澱。如果牙垢、牙菌嚴重，說明口腔衛生狀況嚴重需要進行洗牙護理。

下面是Carrie給Susan介紹的嘴部排毒妙方：

1、在口腔內的口氣沒有明顯改善之前，最好不要吃芥末、海鮮和辣椒之
   類的辛辣重口味食品。

2、苦瓜薏米湯、銀菊漱口液，再配上三黃片，可以達到內消外化的效
   果，能有效清除口腔毒素。

3、洗牙是口腔排毒清潔的主要方法之一，同時還可以有效預防牙周病。
   選擇正規大醫院，半年洗一次牙。

美麗物語

如果認為自己牙齒不夠潔白而盲目漂白，這種做法並不可取，因為牙齒
本身就是白色略帶黃色。同時提醒大家不要盲目使用藥物牙膏，以免改
變口腔正常菌群的生態環境。

愛嚼口香糖的女生注意了，嚼口香糖如果超過四個小時，舌頭上面的微
血管容易受損，牙齒的琺瑯質也會受到嚴重磨損。因此提醒嚼口香糖千
萬不要時間過長。

第 計·水果排毒 綠色健康

　　「我的冰箱，就像一個水果零售商的貨架。」談到水果排毒的經驗，在電視台工作的安這樣說。曾經主持過美容專題節目的安，對於水果排毒有自己獨特的看法，她認為水果排毒是「最綠色最生物」的排毒方法。水果中富含的大量營養物質可以促進腸道蠕動，如果養成常吃水果的習慣，可以促進消化，有效排出肌膚毒素，還可以減少脂肪的攝取。

　　安認為：早上吃水果或者飯前、飯後吃水果效果最佳，早上吃水果或飯前吃水果的習慣，不僅可以促進消化和減少脂肪量的攝取，排毒效果更好。

　　有著數年水果排毒經驗的安，有一個水果排毒菜單。下面就讓我們來分享安的水果排毒經驗：

石榴：多酚和花青素是石榴裡面所富含兩種最強、最有效的抗氧化物，安稱其為超級天然排毒水果。

蘋果：蘋果裡面富含大量果膠，能夠在腸道分解出乙酸，避免食物在腸道內腐化，有利於體內膽固醇代謝。蘋果內所富含的纖維和半乳糖荃酸，對排毒非常有效。選擇蘋果時，如能常換不同顏色和不同口味的品種，排毒效果會更好。

櫻桃：在安的水果排毒菜單中，櫻桃被稱為最有價值的天然藥物。對體內毒素和不潔體液，櫻桃肉有很好的去除作用。所以，櫻桃肉對腎臟排毒具有很好效果。此外，櫻桃還有溫和的通便作用。

　　果實飽滿帶綠梗的櫻桃是上選。

葡萄：現在市面上一年四季都有顏色深紫的葡萄，它是一種具有很好排
　　　毒效果的水果。它能幫助肝、腸、胃、腎清除體內的垃圾。葡萄
　　　做為排毒水果的一種，有熱量高的缺點。所以擔心發胖的女生要
　　　謹慎使用。

草莓：草莓熱量不高，富含維生素C，對肝臟有好處，還能清潔腸胃。
　　　如果腸胃不好或者對阿司匹靈過敏，就要謹慎使用了。

胡蘿蔔：營養豐富的胡蘿蔔，食用後可以和體內的重金屬汞結合，生成
　　　　新物質排出體外。

地瓜：地瓜是天然的鹼性食品，能保持人體酸鹼平衡，富含大量的胡蘿
　　　蔔素，具有很強的潤腸消毒效用。

奇異果：奇異果內所含豐富的維生素C，要比橙多出三倍。結合了芒果和
　　　　橙等多種維生素的紐西蘭黃金奇異果，具有美白作用，還能促
　　　　進膠原蛋白的合成，有很強的抗氧化效果。

荔枝：荔枝個性溫和味道甘酸，性溫，對肝、脾、胃都有補益作用，而
　　　且還能補腎益肝，促進細胞生成，使得皮膚變得細嫩光滑，具有
　　　良好的排毒養眼效用。在排毒養顏水果榜上，荔枝佔有很重要的
　　　地位。現代醫學證明，荔枝含維生素A、維生素B_1、維生素C，還
　　　含有果膠、游離氨基酸、蛋白質以及鐵、磷、鈣等。

美麗物語

雖然大多數水果有益無害，但是有些水果熱量高，常大量食用容易發
胖。水果也有七性八味，不同水果不同質地，而人的體質相差很大，寒
熱虛實各有不同，所以，在選擇排毒水果之前，多諮詢、多瞭解，才能
選對適合自己的排毒水果。

去死皮計．對抗水腫 雙管齊下

在冬季，皮膚很容易出現水腫和暗沉。這個時候，只要「手舞兩把大刀」，去角質和排毒雙管齊下，就可以有效對抗水腫皮膚。

去角質能使皮膚從內到外美白亮澤，合適的按摩手法則有助於體內毒素的排除。下面這套去角質加排毒對抗水腫肌膚的方法，能使妳搖身一變、肌膚全新哦。

選擇合適去死皮產品

去死皮是去舊換新展露新顏的最快方法。揉搓類的去死皮膏適合乾性皮膚，輕轉揉搓可有效去除死皮；油性、混合性皮膚需要大力揉搓後再清潔，適用於泥類去死皮膏。

將去死皮膏塗抹在臉上，大約1公釐厚，然後在臉部不同部位揉搓一分鐘。妳會發現，皮膚會變得光滑柔亮，然後就可以洗掉了。

首先是去角質

磨砂膏

是一種最普及的去角質護膚品，而且還能深層清潔皮膚。

用法：取花生粒大小均勻塗在臉部，注意避開眼睛周圍，雙手以由內向外畫小圈的動作輕揉按摩，鼻窩處改為由外向內畫圈，持續五至十分鐘。

磨砂膏比較適合毛孔粗大的額頭和鼻翼兩側以及愛出油的肌膚，皮膚如果有發紅或出痘痘，一定要謹慎使用。

去死皮素

　　含有軟化劑去死皮素，能很好吸附在肌膚表面的角質細胞上。在清潔皮膚的過程中，能「順便」帶走角質。去死皮素的優點是沒有磨砂膏的粗糙感，但是容易伸拉皮膚，長期使用容易使皮膚的彈性變差。

用法：避開眼部周圍，均勻塗抹在臉部，厚度以蓋住肌膚顏色為宜。
　　　　十五至二十分鐘後，將乾燥的去死皮素按照由內向外、從下到上的順序輕搓，全部搓掉之後可以用溫水清洗乾淨。

　　　　去死皮素比較適合乾性肌膚和混合性肌膚的「V」字區。

柔膚水

和普通化妝水外表相似，但是含有促進角質脫落和消除死皮的添加劑。

用法：清潔皮膚後將柔膚水用化妝棉塗抹在臉上，反覆三到五遍，塗抹的時候要避開眼睛。

　　　　這類柔膚水適合所有膚質。由於柔膚水質地清爽，對於暗瘡肌膚和輕微發炎的肌膚特別適合。

陶土面膜

　　陶土面膜由火山泥漿製成。火山泥漿裡面富含豐富的礦物營養，這類面膜可以舒緩皮膚的敏感症狀，並且有深入清除肌膚殘餘污垢的功能。

用法：避開眼部周圍，均勻塗抹在臉部和脖子後，耐心等待十分鐘後用清水清洗。

　　　　適合所有膚質。

然後是按摩排毒

　　先從眼周排毒開始。用食指、中指從眼眶開始由內而外按壓，然後

到達眼角，按到太陽穴。按摩力道由輕到重，以便讓力道緩慢深入到皮膚中去；記住，從鼻翼到臉部中間再到太陽穴。力道要比剛才增大，主要按摩部位是肌肉層；手指到達太陽穴後，然後在耳朵下面沿著淋巴腺一直按摩到脖子，再經過鎖骨到達前胸，最後到達腋下淋巴結上，和臉部按摩相比，力道還要增大。透過上述動作，能將臉部毒素排除到淋巴結中。

只要按照上述方法，去角質和排毒雙管齊下，就能有效對抗水腫皮膚，使妳舊貌換新顏，換出一個嬌豔柔嫩美白的好面孔。

不妨試一試哦，一定會有不一樣的驚喜哦。

美麗物語

飲食習慣改善水腫皮膚

除了去角質加排毒對抗水腫皮膚之外，美容專家還給廣大美女一個妙招：從生活習慣和飲食習慣入手來改善水腫皮膚。

水腫絕對不是一朝一夕形成的。所以，預防水腫要從日常的生活習慣和飲食習慣入手，減少水分和毒素在身體內的聚集：

排毒習慣之一

減少濕熱食物的食用，比如螃蟹、大蝦和芒果等。盡量少吃味道厚重的食物，包括鹽和鹹味食品。除此之外，醬料或含鈉量高的飲料，如電解水、番茄汁等，都不要長期食用。

排毒習慣之二

盡量少穿或者不穿過緊衣物。腰腹部位、大腿以及臀部著裝過緊，都有可能加劇身體皮膚的水腫。

排毒習慣之三

過度勞累能夠致使新陳代謝紊亂，血液循環品質變差，發生水腫。所以要有良好的作息規律。

排毒習慣之四

足部長期血液流通不暢也容易導致水腫，所以盡量少穿較緊的鞋子，高跟鞋也要謹慎對待。下肢要經常運動促進血液循環，避免長時間久坐或者久站，以免引起下肢浮腫。

第 計‧夏季排毒 治本之道

在炎炎夏季，空氣中灰塵活動量劇增，汽車排放廢氣和其他季節相比危害更大，紫外線的曝曬更加凶猛，為了解渴消暑，各種冷飲中的添加劑不停隨著狂飲進入體內。在整個夏季，身體可以說是無時無刻不受到毒素的侵擾，也正因此，在這個季節，排毒顯然要放到肌膚護理的第一步。

美容專家提醒那些愛美人士：在夏季，排毒比美白保濕更重要。

蔬果汁

夏季排毒除了必要的排毒養顏美容產品外，均衡飲食也是必需的選擇：

　　夏季水果豐盛，正是水果排毒大行其道的好時候。在夏季，能量不停地轉化為熱量，維生素B和維生素C以及礦物質的消耗，比其他季節都要高出許多，此時飲用大量純天然蔬果汁，是排毒的最好方式。為有效補充體內的礦物質和維生素，要盡量多吃生的新鮮蔬菜，炒菜也要盡量少放食用油。

橄欖油攝取

　　腸道在夏季是最薄弱的環節，很容易受到侵害。因此，增加橄欖油的攝取，可以有效排除膽汁，增加乳酸菌，保持腸菌平衡，更有利於脂溶性毒素的排除。

多出汗

　　多出汗也是排除體內廢物分解毒素的好方法。

晚睡早起

　　晚上把白天的熱量用完感到困倦之後再睡，不必過早入睡，以免刺激大腦活躍；早起後做呼吸訓練，可以有效排毒。

多吃檸檬

檸檬的有機酸、檸檬酸十分豐富，而且檸檬具有高鹼性，能促進身體的酸鹼平衡。並且，檸檬汁含有維生素B_1、維生素B_2、維生素C等多種營養成分。檸檬的高度鹼性能止咳化痰、生津健脾，有效地幫助肺部排毒。檸檬所含的水溶性維生素C具有抗氧化功效，可以促進血液循環，增加血液的排毒功能。

大白菜

做為一種常見的蔬菜，大白菜真的是物美價廉。大白菜纖維質地粗糙，能幫助人體消化，有助於腸壁蠕動，預防大便乾燥，促進排便暢通，對於腸道毒素的稀釋有很好的作用。

苦瓜

用苦盡甘來形容苦瓜的食用風格最為恰當不過了。苦瓜入口味苦，餘味甜澀，是很好的清淡食品。苦瓜中富含活性蛋白，具有抗癌作用，能激發體內免疫系統的防禦功能，增加免疫細胞的活性，清除體內的有毒物質。

美麗物語

炎熱夏季，沖一個冷水澡感到清涼舒服，精力倍增。但這可不是一個好習慣。在夏季，毒素的排除是透過淋巴和皮膚到體外的。洗冷水澡時，燥熱的皮膚遭遇冷水，毛孔驟然收縮，不利於毒素排出，反而逼迫毒素重新進入血液。因此，夏天要用熱水洗澡。熱水澡，能促進血液循環。如果把水溫調高，熱的渾身大汗淋漓最好不過了。這時候全身毛孔打開，血液循環加速，十分有利於皮膚排毒。

　　在忙碌了一週後，要過一個輕輕鬆鬆、屬於自己的週末了。這個休閒的週末，妳準備怎麼打發呢？不妨跟著Maggie來到美容院，看看美容師的「週末居家排毒」的專題教學。

　　「週末是讓肌膚放鬆排毒的最佳時期。不妨利用休閒時刻讓皮膚接受一次溫和自然的排毒旅行。」下面就是美容師精心打造的週末四十八小時排毒法。

週末四十八小時排毒法

排毒週末前的週五

● 下班前早點回家，別去應酬，想想明天排毒的事。早、晚餐吃蔬菜湯、沙拉和一點糙米飯或全麥麵包。

● 把家務雜事先做好，如洗衣服、洗碗。

● 不可以喝牛乳製品。

● 夜間十一點之前上床，睡一個充足的美容覺。

排毒週末的週六

上午活動安排：

● 上午八點

　　週末要稍微賴床。但是不要太晚起床。八點鐘醒來，一邊慢慢起床，一邊想一點快樂的事，保持心情舒暢。在床上舒展腰身筋骨，左右扭動、前後擺動腰背，然後坐在床上伸直手臂和雙腳，用指尖觸碰腳趾頭，反覆幾次。如果手指尖無法觸到腳趾頭，盡量前伸即可。

起床之後喝一杯淡淡的檸檬礦泉水。檸檬片不能加太多，也不能太酸（最好不要加市面上銷售的檸檬汁，要加新鮮的檸檬片）。此後，每一小時喝一杯溫水。

● 上午八點三十分

用毛刷進行皮膚按摩。在刷掉老化的角質的同時，也能有效刺激淋巴循環。用熱冷交替的方法來沐浴，擦上乳液或保養品。

● 上午九點十五分

進食水果早餐。一個蘋果加半個木瓜是最好的早餐選擇。

● 上午十點整

距離中午還有兩個小時，還有充足的時間來做臉部的深層清潔。臉部深層清潔按照下面順序：

洗淨卸妝之後，做深層清潔。然後去角質、敷臉保濕，再塗上相對的保養品。

下午活動安排：

● 中午十二點半

做完臉部深層清潔之後稍做休息就開始準備午飯了。午飯要簡單，下面的菜單可以參考：

一碗青菜番茄豆腐湯

一盤有機蔬菜

一小碗糙米飯

自己喜歡的水果，比如柳丁、橘子等。

午飯後徹底休息放鬆，然後進行下午三點三十分的排毒步驟。

● 下午三點三十分

或者午睡，或者看書，或者看看最新的影片，轉眼過了下午三點。這個時段可以進行室外運動，呼吸一下新鮮空氣。

美容師的運動建議是：漫步二十分鐘，然後快走十分鐘，到稍微喘氣的程度最好，然後速度放慢再走五分鐘。

按照上述步驟重複兩三次後，最後再緩慢行走五分鐘，讓身體徹底平靜下來。然後順便到水果行採購自己喜歡的水果。

● 下午六點三十分

這時候需要一盤五顏六色營養豐富的蔬果沙拉，這份蔬果沙拉最少要有五種以上的蔬果，但是要記住把沙拉醬換成檸檬汁或醋。取鳳梨、小黃瓜和蘋果外加半杯水，攪拌成一杯綜合果汁。

● 晚上九點鐘

晚飯後或者看影片，或者上網玩遊戲，很快就到了晚上九點。放下手中的休閒娛樂開始洗澡。洗澡前先靜坐十五分鐘，採取做腹式呼吸的方法。閉上眼睛臆想體內血液淋巴暢通流動，把毒素一一帶出體外。舒服泡澡的同時把香精準備好。洗完後，按照淋巴流動向全身按摩。

● 晚上十點鐘

這時候已經將近十點了。改掉熬夜習慣早點睡覺，最好睡八個小時，躺在床上深呼吸幾分鐘，想像身體已經變得很乾淨了。

還要記得保持家庭清潔，多開窗通風，可以有效減少家庭內部的毒素，避免肌膚吸收過多不良物質。

好了，現在二十四小時排毒已經結束了，是否覺得身體輕快、呼吸順暢，整個人都舒服了很多？那麼，在剩下的二十四小時裡繼續同樣的居家排毒行程吧！只要堅持下來，妳一定能有一份驚喜的發現。

美麗物語

週末兩天四十八小時居家排毒之後，不要一下子恢復高熱量、高油脂的飲食。生活節奏也要盡量保持舒緩，避免太忙碌勞累；多吃水果早餐，注意多喝水，少吃或不吃刺激性食品。上述狀態要保持幾天。

經歷了四十八小時居家排毒之後，妳的皮膚會變得更好，精力也更加飽滿旺盛。堅持多吃蔬果，多運動，常靜坐，身體會達到一個良好狀態。

居家運動排毒

除了美容品和均衡飲食外，運動也是排毒的一種好方法。因為運動能夠加速新陳代謝，增強皮膚細胞的活動性，進而達到排除體內毒素的效果。如果妳是個宅女的話，千萬不要在家裡長期不動，那樣毒素很容易越積越多，而且還容易發胖。

居家運動可以做一些簡單的俯地挺身、仰臥起坐，到樓梯間利用樓梯進行上下急速跳動等。

我們首先簡單的瞭解一下離子水的常識。水在電離時會產生水合離子，我們稱這種水為離子水。離子水可分為正離子水和負離子水，負離子水亦稱飲用離子水，正離子水亦稱美容（消炎）離子水。

無論飲用離子水還是美容離子水，都屬於水的範疇，除了電子得失外不添加任何物質。離子水在使用過程中會因與空氣或其他物質接觸逐漸還原成為一般水。離子水是透過電離產生的，其過程為一般自來水經過淨化進入高效電離槽，使水產生電離，並透過高科技方法將正負離子水分離。

離子水具有以下特點：

1、不含有害於身體的物質。

2、含有呈離子態的礦物質。這些礦物質容易被人體吸收，對人體健康有益。

3、氫離子活度指數（俗稱PH值）為弱鹼性（8～9），特殊情況可達10以上。

4、1升離子水含有大於、等於5毫克的氧氣。

5、水分子團小，滲透能力和溶解能力都很強。

6、對於人體內的有害物質有很好的清除作用。

由於離子水具有上述特點，因而它有著良好的醫療保健、美容消炎、殺菌作用，是一般水所沒有的。

離子水可以直接冷飲或熱飲，口感極好。在排毒方面，離子水不

僅很乾淨，而且含有新鮮氧與礦物質，富含大量純淨離子鈣，人體吸收率達95％以上。離子水因為其分子團小，溶解度大，滲透力強、能量大，與體內水分子結構很相似，很容易參與細胞的物質交換，促進新陳代謝，提高機體免疫力，降低血黏度，有很好的排毒養顏效果。

所以多飲用離子水，能有效排除體內廢物和毒素。

離子水具有殺菌消炎作用，能有效防治青春痘。用離子水洗臉、洗澡，能增加皮膚彈性，消除皺紋，使得皮膚光澤亮麗。

美麗物語

下列人士慎用離子水美容排毒：癲癇症患者、孕婦、感冒者、嚴重糖尿病者、足部有傷口者、金屬或電子醫療器械植入人士。

第 28 計·雙果奇緣 加倍活力

美容專欄作家Flora說：「蔬菜、水果中富含抗癌物質，其他任何食品都不具備這個優點。在保證綠色環保的前提下，時令蔬果帶皮生吃，是最好的飲食習慣。」

常言道「男女搭配，幹活不累」，在這裡我們要說「蔬果搭配，排毒有勁」。什麼樣的蔬果搭配，能發揮最好的排毒養顏功效呢？如果妳是一個匆匆忙忙的上班族，想必是沒有時間將各種蔬菜和水果做為食材分配在一日三餐中，即便有時間也未必有耐心。所以，我們的Flora根據自己的經驗，給大家推薦了幾款蔬果搭配排毒的妙方。按照Flora的妙方，每天只需花費二十分鐘左右的時間，妳就可以製成排毒養顏的「蔬果最佳搭檔」了。

蔬果最佳搭配

番茄紅蘿蔔汁

聽名字就知道原料是番茄加紅蘿蔔了。將番茄和紅蘿蔔洗淨切成小塊，然後按照一比一的量放到果汁機中，倒入適量冷開水，攪拌成汁即可。

奇異果黃瓜汁

選取上好的奇異果和鮮嫩的黃瓜，洗淨切塊。黃瓜兩端多保留一些。然後按照一比一的量放進果汁機中，倒入適量冷開水，攪拌成汁即可。

調查顯示，奇異果營養十分豐富，是世界上消費量最大的水果之一。奇異果果實中的維生素C、Mg及微量元素含量最高，對於皮膚絕對

是好處多多。奇異果和柑橘、香蕉，是世界上三類低鈉高鉀水果，而奇異果含鉀更多，位列榜首。

火龍果紅椒汁

將火龍果去皮，切成小塊。將紅辣椒洗淨去除中間籽後切塊。然後按照一比一的量放進果汁機中，倒入適量冷開水，攪拌成汁即可。

火龍果富含植物性白蛋白及花青素、豐富的維生素和水溶性膳食纖維，而上述物質是其他植物所少有的。白蛋白是具黏性、膠質性的物質，對重金屬中毒具有解毒的功效。火龍果營養豐富，功用獨特，對人體健康有絕佳的功效。

另外，蜂蜜和紅棗搭配泡在一起飲用，也可以排毒美容。

一款蔬果排毒早餐

Flora根據自身飲食習慣，給大家介紹了一套蔬果搭配的營養排毒早餐：

一份水果

兩份蔬菜

一份紅薯

一份米飯

把每一餐分成五等份，其中水果、蔬菜、紅薯、米飯的比例是1：2：1：1。

一種水果：包括蘋果、芭樂、香蕉、柳丁、水梨、葡萄等都是合適的水果，需要連皮食用。

兩種蔬菜：這份營養早餐，蔬菜佔的比例較大。因為蔬菜是鹼性

的，有助於酸鹼平衡。要保持一半以上的蔬菜是生食的。因為蔬菜中的酶遇高溫會被破壞，而所有食物的分解吸收都要依賴酶。生吃蔬菜正是為了有效保護蔬菜中的酶。

選擇蔬菜要注意以根、莖、花、果四大類為主。這四大類的蔬菜含有大量礦物質，而且殘留農藥比較少，具有較高能量。

美麗物語

女性在食用白蘿蔔時切忌生食，要連皮、連葉一起煮食。

紅薯：尤其是黃瓤紅薯，擁有豐富的礦物質。蒸熟後連皮一起食用，能夠有效降低膽固醇，調節腸胃系統，幫助身體毒素的排除。

第29計·竹鹽排毒 護膚顯奇效

美容專欄作家Flora介紹了蔬果搭配排毒之後，又向大家介紹了一款竹鹽排毒方法，讓我們先睹為快吧！

「竹鹽具有良好的排毒功能。」Flora介紹道。竹鹽獨特的天然提煉技術，使得竹鹽具備良好的解毒、排毒功能。竹鹽的煉製方法是將天然鹽裝進三年生的竹筒內，用松木松脂做為燃料，在黃土窯中用一千到一千五百度的高溫中，經過反覆九次煅燒。出窯後，竹子、松脂和黃土，這些天然材質身上的藥性，全部有效的融入了竹鹽當中。其中，竹子具有清熱解毒的作用，黃土富含硫磺，而硫磺具有中和毒性作用。融入了上述優點的竹鹽，具備了良好的清理腸道、排出廢氣毒素、軟化宿便的作用。

竹鹽洗腸排毒妙法

人體中的酸性物質，對人體的危害是很大的。肥胖體質的人，就是由於體內酸性物質過多。經過精心煉製的竹鹽，富含大量的硒，而硒可以促進細胞活動，能調節體液平衡，清除體內過氧化脂肪質。

透過竹鹽洗腸，可以有效清除體內毒素，具體方法如下：

早晨空腹站立，一千毫升冰鎮白開水，融入15克竹鹽（市場有售，可以挑選適合自己的竹鹽產品）。然後在二十分鐘內，將一千毫升竹鹽水邊走邊喝，喝畢，繼續喝不含竹鹽的礦泉水或者冷開水，直到喝不下為止。隨後會有便意，要盡力忍耐。一直到無法忍受的時刻再去排便，每次有便意的時候都按此方法，一般情況下可以排三到四次。

並不是所有人都適合竹鹽洗腸排毒法。血壓在一百五十以上者、腎功能嚴重受損者以及行動不便者，應當謹慎使用竹鹽產品。

竹鹽按摩減肥 預防水腫皮膚

　　多數肥胖者，體內聚集了過多水分、脂肪和毒素廢物，感覺四肢發脹，略顯浮腫，而適當的竹鹽按摩就可以巧妙的減肥和預防水腫呢！市場上買一些適合自己的美容竹鹽，將上述產品均勻塗抹在身上，在肥胖部位包括大腿、手臂、腹部和臀部，反覆按摩。長期按摩會感到身體變輕、變瘦。含有竹鹽成分的磨砂膏、沐浴乳和竹鹽香皂也具有同樣效果。

　　在按摩過程中，如果感到發熱發汗，表示體內垃圾正在排除。隨著按摩的深入，皮膚逐漸吸收了竹鹽中的有機物，人體的新陳代謝加劇，使得體內水分和廢物的排出更加順暢。

美麗物語

竹鹽的獨特效用

消炎劑：竹鹽有良好的化痰、消炎和消菌作用，能有效消除人體內的發炎。

促進酸鹼平衡：竹鹽屬於酸性食品，對於現代社會中有害食品中的酸性物質，有很好的中和平衡作用。

清除重金屬：人體中的重金屬危害最大，而且不易排出。在竹鹽的提煉過程中，天然硫磺和松脂融入了竹鹽，而硫磺和松脂能有效清除人體內的重金屬毒素。

高能量：由於竹鹽在提煉過程中，在一千度以上的高溫中反覆煉製，所以能放射遠紅外線，是一種高能量食品。

現在的美白排毒妙法可謂層出不窮。有些女生總是花樣翻新，秀出不同程度，不同驚喜的美白皮膚。下面介紹兩款淨白排毒方法。

紅糖敷臉美白排毒

有醫學專家研究發現，紅糖中的「糖蜜」具有很好的排毒美白的功效，其對於皮膚的抗氧化和修復作用尤其明顯。在紅糖中富含胡蘿蔔素、核黃素、煙酸、氨基酸、葡萄糖等，以及豆甾醇、苯油甾醇等物質，都是天然的抗氧化物質，這些物質能促進皮下細胞在排毒後迅速生長，而且還具有抗衰老作用。

紅糖敷臉美白排毒的做法比較簡單。用小鍋將三湯匙紅糖加熱融化至黏稠狀後，放置溫涼後均勻敷抹在洗淨後的臉部，十五分鐘到半個小時後清洗掉，每週兩次即可。

檸檬排毒淨面法

還有一款簡單經濟天然的檸檬排毒淨面法。按照下面的檸檬食譜，能夠瘦身淨面排毒，恢復肌膚活力。

按照一公升水裡添加半粒檸檬原汁的比例，一天需要喝三公升檸檬水，然後搭配十幾分鐘的運動，十分有助於出汗排毒，令肌膚結實美白。

美麗物語

介紹幾款排毒食品

均衡的排毒飲食,能有效排除體內聚集的毒素。

1、香菇和黑木耳等菌類植物,能清潔血液,排除體內毒素。

2、新鮮果汁和新鮮蔬菜,是人體最好的清潔劑。

3、豆類熬成的湯,能促進肌膚的新陳代謝,幫助毒素排出。

4、豬血是很好的排毒食品。動物血中含有血漿蛋白,經過分解,有解毒和潤滑腸道的作用,並且能與體內重金屬發生作用後將這些有毒物質排出體外。

第37計 · 水療排毒 懶人美容有奇效

SPA水療排毒，通常要配合專業美容師的專業按摩技法，也就是沐浴之後的香薰按摩一同進行。全套的SPA水療排毒，一般遵照下列順序：沐浴之後去除角質，然後敷泥，然後躺在水療床上，用專業的高科技水療儀，調好冷暖水柱做身體沖射。

反覆沖射之後，身體的細胞被刺激活躍起來，下面就是專業美容師給妳專業的推拿按摩，進而使身體毛孔充分張開，細胞保持極度活躍狀態，體內循環加速，新陳代謝處於良好狀態，達到排毒、耗脂、減肥的目的。

這種水療排毒方法，最適合體內循環不暢、易水腫的人士。還有一些人不喜歡運動，但是卻又希望身體健康、皮膚光澤、身材正點。對於這些「既慵懶又愛美」的人，SPA的機器配合專業的按摩手法，進而達到「淋巴引流排毒」，是排毒瘦身養顏的最好方式。

但是，並不是一次SPA就可以將身體內部的毒素完全排除乾淨。根據每個人的新陳代謝規律，一般而言需要兩個月左右的時間才能將身體內的毒素排除。對那些新陳代謝不太好的人而言，要盡量多吃清淡食品，少鹽、少油。然後配合規律的作息，每天少量運動讓身體發汗，才能徹底擺脫體內毒素，做一個清爽健康的「無毒人」。

美麗物語

大腸水療排毒

皮膚排毒靠的是新陳代謝，那麼我們身體排毒，也需要不斷的接受新方法。當今國際上最新流行的一種排毒保健新法「大腸水療排毒」，我們不妨瞭解一下。

大腸水療排毒需要採用專業清腸儀器來完成。大腸在專業儀器的操作下，由溫水進行長達五十多分鐘的沖擊按摩。人體經過大腸水療之後，體內廢物、過剩糖分和脂肪就會被排出體外。

鹽水排毒

美容專欄作家Flora下期要寫的美容專欄是鹽水美容。雖然她還不能斷定將鹽水美容做為SPA水療中的一部分是否恰當，但在沒有明確定義之前，我們不妨把鹽水排毒美容也來當做水療排毒的一個小小分支。

鹽水美容是Flora去了一趟日本之後學來的「舶來品」。鹽水美容是日本女性近年來所崇尚的一種新式美容排毒方法。在日本，Flora採訪了數位長期做鹽水排毒美容的女性。這些女性說，用食鹽美容，對臉部進行深層清潔，能有效去除毛孔中的油脂、粉刺和黑頭，對角質和污垢更是有很好的清除作用。經過七天左右的食鹽排毒美容，臉部皮膚會變得柔滑嬌嫩，如果用於全身，能促進皮膚新陳代謝，有效預防皮膚病，促進體內毒素的排出。

鹽水排毒方法十分簡單：先將臉部洗淨擦乾，用一勺細鹽放在手心，加少量水攪拌。然後指尖沾水，以環形按摩的方式，從額頭到臉頰由上而下塗抹，每處按摩三到五次。稍等片刻，臉部鹽水乾透後就會呈

現白粉狀，用水清洗後塗上營養液或者營養乳。

　　如果想進行全身排毒美容，可以在沐浴後按照上述方法，將鹽水塗抹全身。鹽水乾透後，進入浴缸浸泡數分鐘，然後清水沖洗。

美麗物語

鹽水排毒美容，最好使用細鹽。油性皮膚類型的人用鹽水即可；乾性皮膚類型的人，可以在鹽水中添加按摩霜，按摩霜以弱油性或者水溶性為佳。塗抹鹽水的時候注意避開雙眼，以免刺激眼膜。

第四章

對症下藥
有絕招

看完前面幾章，相信妳對基本的護膚知識已經有了瞭解，但是，肌膚的問題各式各樣，每個人都有不同的煩惱，有些頑固的小毛病還需要專門方法對付。到了這種時候，那就需要我們的高手出招，專門問題專門對付，讓妳輕鬆擺脫困擾，一邊享受一邊美白。

第32計・只留青春不留痘

　　雖然名字叫青春痘，但是臉部痘痘不一定僅僅在青春期出現，如果沒有很好的飲食習慣和護膚措施，就算過了青春期，說不定它哪天會突然冒出來，爬上妳的臉呢！因此，有痘痘的要乖乖的照我們說的去做，沒有痘痘的，也要仔細遵照下面的方法，未雨綢繆才是。

去除痘痘需堅持三大生活習慣

　　首先是多吃蔬菜、水果。多吃蔬菜、水果能保持人體攝取足量的維生素，這是肌膚健康的基礎。而且，蔬菜、水果的攝取也要和規律的起居飲食結合起來，充足的睡眠和正常的飲食習慣，不僅對去除臉部痘痘有好處，而且也是身體健康的保證。

　　其次是遠離香菸。女生大部分不抽菸，但是不等於不受香菸危害哦。妳如果有抽菸的習慣最好快快戒菸；沒有抽菸習慣的人，也要遠離比抽菸危害更大的二手菸。因為菸中的尼古丁會收縮微血管管壁，使血液和淋巴中的毒素堆積，皮膚細胞的吸氧率降低，因而使皮膚的癒合能力減弱，易於形成青春痘的交叉感染。

　　第三是少吃刺激性和油膩食品。上述食品都會加重心臟負擔，降低血液中維生素K的含量和品質，進而加速臉部痘痘的形成。

吃掉臉部小痘痘

　　痘痘臉，無數女人的噩夢，雖然換過無數化妝品，痘痘卻依然層出不窮。怎麼辦？難道就這樣任其肆虐？其實，在我們積極尋找外在幫助的同時，何不試試內養部分？學學下面這幾道獨特妙方飲食，讓妳輕輕鬆鬆，吃掉臉部小痘痘。

鮮奶香蕉

　　香蕉3根，牛奶75毫升，山楂糕25克，瓊脂7克，冰糖125克。瓊脂用溫水泡軟後在鍋內煮沸，然後放入冰糖，慢火二十分鐘後，將去皮切片的香蕉和牛奶放進去，煮沸後起鍋。然後放入冰箱，因為摻加了瓊脂，所以很快就能凝結。食用時切塊即食，夏天用最好。能清潤腸道，促進消化，有效防治臉部痘痘。

果菜汁

　　鳳梨柳丁去皮，苦瓜和梨子去籽，加上芹菜和黃瓜攪拌榨汁，放入適量蜂蜜，每天飲用一兩杯，可以殺菌消炎，清熱解毒，有效去除臉部痘痘。

海帶湯

　　海帶30克，綠豆30克，玫瑰花10克，枇杷葉15克，紅糖適量。將海帶洗淨、切碎，枇杷葉、玫瑰花用紗布包好，加上綠豆、適量水，全部放入鍋中，煮沸十五分鐘後，兌入紅糖，攪拌至糖徹底融化，取出紗布即可。海帶、綠豆可吃，飲湯。

杏仁玫瑰粥

　　甜杏仁20克，玫瑰花20克，綠豆30克。甜杏仁浸泡去皮，用溫水浸泡洗淨後切絲，將綠豆用紗布裹好，加上玫瑰花一起入鍋熬粥，堅持食用可以消除臉部粉刺。

玉米南瓜盅

　　南瓜1個，小香菇10朵，胡蘿蔔1根，新鮮玉米粒50克，低脂鮮奶200毫升。南瓜洗淨後去籽，將其一半去皮切塊，另一半備用。水燒開後將南瓜放進去（另一半要保持完整，不要去皮和切塊）煮熟後取出。然後將胡蘿蔔、香菇、玉米放入鍋內南瓜湯中，水開二十分鐘後放入鮮

奶，再熬二十分鐘。各種食材味道融合後關火。邊喝湯料邊吃南瓜肉，能增加腸道蠕動，加速宿便排出，減輕臉部痘痘的發作。

　　臉部痘痘不是很嚴重的，可以採取下列食療方法：

綠豆百合

　　取綠豆75克，百合70克，用適量水煮沸後加少量冰糖。起鍋冷卻後一天兩次，每次喝一小碗，具有排毒效果，能有效遏制臉部痘痘。

荷葉冬瓜

　　新鮮的荷葉半張切碎，新鮮冬瓜250克也切成碎片，加水煮沸，將冬瓜和荷葉配湯飲食，一天兩次，比較適合青春痘的初期。

杏仁荸薺

　　甜杏仁15克，荸薺75克，玉米25克。將甜杏仁和荸薺、玉米研粉後，加入適量冰糖、開水煮沸飲用。每天兩次，一次一小碗。具有消除臉部痘痘的良好作用。

　　臉部痘痘比較嚴重的，可以使用下列方法：

荷葉米粥

　　小米200克，新鮮荷葉兩張剪碎。小米淘洗乾淨後加水煲煮成粥，兩頓吃完。每天一頓，堅持一

個月後，臉部痘痘會有很好的改善。

荷葉香蕉湯

山楂60克，香蕉4跟，荷葉兩張，將適量冰糖放進鍋內，煮湯後服用，對臉部痘痘的去除也有非常好的效果。

八寶蓮子粥

蓮肉20克，小米20克，百合20克，白扁豆20克，粟米60克，紅棗約20個。將上述原料煮粥後服用，具有抑制臉部痘痘，滋養皮膚的作用。

海藻粥

甜杏仁18克、海藻20克，昆布20克，加水煎汁，然後再加上60克薏仁米煮粥，對於臉部痘痘的消除有很好功效。

美麗物語

以上飲食配方，可根據自身所需，酌情減半或者增加。但追根究底，如果美眉們不小心有了青春痘，就要時刻注意自身飲食，多吃富含維生素和粗纖維以及礦物質的蔬菜、水果和粗糧，少吃脂肪高、熱量高和辛辣刺激的食品，這才是治本之道。

第33計・美麗食物，擺脫熊貓眼

　　再美麗的容顏，要是配上一雙無神的大眼和重重的黑眼圈，恐怕要讓愛美的美眉們尖叫了。黑眼圈無疑是美容大忌，偏偏它又如附骨之蛆，死也不肯讓姐妹們清爽一點。要知道，熬夜、抽菸、飲食無規律、生活壓力大、情緒低落、內分泌失調以及鐵元素缺乏等等，都會導致黑眼圈的形成。同時，缺少運動，血液循環不暢和體弱多病的人，也會形成黑眼圈。黑眼圈影響美觀，增加衰老感，是臉部美容的殺手。

消除黑眼圈從生活習慣做起

　　有規律的生活習慣，可以有效消除黑眼圈。妳覺得黑眼圈影響了妳的形象了嗎？妳有消除黑眼圈的決心嗎？如果妳下定了決心，不妨從下面做起：

第一，睡眠要充足。睡前枕頭墊高，這樣有助於眼瞼部分的水分透過血液疏散，避免黑眼圈的形成。需要注意的是，睡前不要喝水，以免體內蓄積過多水分。

第二，在睡覺前，將黃瓜切片敷在眼下皮膚上，能有效減輕眼袋和黑眼圈的形成。無花果敷臉也有同樣效果。木瓜茶也有很好的消除黑眼圈的療效。做法是：將薄荷和木瓜用熱水浸泡，晾曬後塗敷在眼下皮膚上。

第三，塗抹潤膚水時，用手指輕敲眼部周圍柔嫩肌膚，能有效消除黑眼圈。

第四，多咀嚼口香糖能鍛鍊臉部肌膚，多吃富含優質蛋白和膠質的食品，多吃番茄、馬鈴薯和動物肝臟，可以給眼部組織細胞提供有

益的營養，有助於消除黑眼圈。

第五，每天有意識的將上、下眼瞼閉合百餘次，能收縮放鬆眼臉肌肉，有效對抗眼袋和黑眼圈的生成。

預防黑眼袋 營養要均衡

從飲食入手消除黑眼袋，首先要做到營養均衡：

首先要保持飲食中的優質蛋白的營養供給。瘦肉禽蛋水產以及牛奶等食品，富含優質蛋白，蛋白質能夠有效的促進細胞再生，因此經常食用此類食物可以減少黑眼圈的生成。

其次要增加維生素的營養供給，尤其是以維生素A和維生素E最為重要。因為上述兩類維生素，對眼睛、皮膚有很好的滋養保護作用。含維生素A多的食物有動物肝臟、奶油、禽蛋、苜蓿、胡蘿蔔、杏等。富含維生素E的食物有芝麻、花生米、核桃、葵花子等。

再次，鐵分子的攝取也不可或缺。血紅蛋白的核心成分是鐵，而血紅蛋白能夠幫助人體內氧氣的運輸，進而有效促進血液循環，消除眼部疲勞，抑制眼袋和黑眼圈的生成。在增加人體鐵含量的同時也要增加維生素C的含量，因為維生素C能有效促進人體對鐵含量的吸收。海帶、動物肝臟和瘦肉，都是含鐵豐富的食品；而綠色蔬菜、番茄以及酸棗、橘子等都富含維生素C。

最後一點是，遠離菸酒。菸酒的危害功能相信美眉們都很清楚，這裡就不贅述了。

食材小妙方 消除黑眼圈

雞蛋轉眼

溫熱去殼的熟雞蛋在眼部周圍輕輕摩擦轉圈，可以增加眼部肌膚的柔滑和血液循環，可以有效消除黑眼圈症狀。

蓮藕馬蹄渣

馬蹄、蓮藕洗淨刮皮切碎榨汁，加上適量冷開水攪拌，濾去渣滓後敷眼十分鐘，效果也十分好。再加2杯水攪拌。將水隔渣，然後用濾下的渣子敷眼十分鐘。臨睡前敷眼最佳，因為馬蹄、蓮藕分別富含鐵和蛋白質，活血去瘀效果明顯；而馬蹄、蓮藕水可以飲用，同樣具有美容作用。

馬鈴薯片

馬鈴薯刮皮洗淨切片，將馬鈴薯片敷眼五分鐘後取下用清水洗眼，去除黑眼圈效果明顯。馬鈴薯富含澱粉質，正是眼部所需的。在夜晚敷最佳，更能消除眼部疲勞。但發芽馬鈴薯禁用，裡面有毒素。

蜂王漿

一勺蜂粉和一勺蜂王漿混合後，塗抹在眼部周圍，一小時後去除清洗，對於黑眼圈的消除效果明顯。一天一次，一星期可見效果。

紅棗敷

黑木耳25克浸泡洗淨，紅棗5個洗淨，外加紅糖50克，一起煎服，每日2次。經常服用，有消除黑眼圈作用。

冰敷

用冰凍過的冷毛巾或者紗布包冰塊，冷敷眼睛，可促進眼部血液循環，具有消腫明目的作用，能有效防止黑眼圈。

茶包敷眼

廢茶葉包濾乾，在冰箱內冷凍片刻後敷眼，能消除黑眼圈。如果廢茶葉含有水分，那麼將使黑眼圈變得更加嚴重。所以一定要濾乾才能敷。

蘋果敷眼

蘋果切片放在眼袋位置。十五分鐘後去除洗淨即可。

柿子敷眼

柿子去籽，將柿子肉搗爛敷眼，十分鐘後洗淨。早晚一次，熟透的軟柿子為上選。

美麗物語

加強肝臟功能，消除黑眼圈

人體肝臟功能如果變差，極有可能引發黑眼圈。這種由肝臟引發的黑眼圈，只要多吃蝦茼蒿和芹菜等綠色蔬菜以及柑橘類水果，就可以有效消除。所以，要從根本上消除黑眼圈，還要多做內在調理，加強肝臟功能。

人體貧血也容易導致黑眼圈。每天飲用一杯開水泡紅棗水，能加速血液運行，有效消除黑眼圈。

消除眼部疲勞，胡蘿蔔素是首選佳品。清晨一杯番茄汁或者胡蘿蔔汁，能使眼部得到很好的滋養和休息。

一天八杯清水，可以減少黑眼圈的發生機率。

第34計·「吃」掉皺紋有高招

除了年齡因素之外，肌膚表面脂肪減少，水分缺乏導致皮膚彈性下降，都是導致皺紋產生的原因。惱人的小皺紋令一些愛美女士們煩惱不堪。如何有效去除皺紋呢？透過均衡飲食，可以延緩皮膚衰老，有效吃掉皺紋。

去皺飲食三規則

規則之一、富含軟骨素硫酸的食物是首選

軟骨素硫酸是食品中的營養成分，可以增加皮膚彈性，使皮膚富有彈性和光澤。人體如果缺少軟骨素硫酸，就容易出現皺紋。因此，多吃富含軟骨素硫酸的食品是去除皺紋的食療首選。

雞翅、魚翅、牛骨頭湯、豬骨頭湯、雞骨頭湯和雞皮、鮭魚頭等食品，都富含軟骨素硫酸。

規則之二、多吃富含核酸的食物

做為一種重要的生命資訊物質，核酸具有延緩衰老、健美皮膚和保持青春的神奇功效。核酸不僅對蛋白質合成有著重要的作用，而且還能影響人體代謝速度和代謝方式。

魚蝦和動物肝臟，以及花粉、木耳、蘑菇和酵母等食品裡面，都富含大量核酸。

規則之三、肉皮和酸牛奶不可或缺

說出來大家可能不相信，每個人每天大約有幾百萬個表皮細胞死

亡。如果這些皮膚表面的表皮細胞死後不能很好代謝，就很容易導致皮膚皺紋。而酸牛奶中所含的酸性物質，能夠有效去除死細胞，而且還能軟化皮膚黏性物質。

肉皮則可以改善某些細胞儲存水分的功能。肉皮中的營養物質被人體吸收後，能夠有效合成膠原蛋白，對人體特定的組織生理功能有很大的補益作用，進而使皮膚光滑細嫩，減少皺紋。

美麗物語

預防皺紋的飲食禁忌

明白了哪些食品對去除皺紋有益，我們還要明白哪些食品容易促使皺紋的形成。下面這些食品，過量飲食會加快皮膚皺紋的形成：

巧克力、冷凍蝦球（以及所有冷凍太久的食品）、魚罐頭和牛肉罐頭、沙拉醬、蛋糕、速食麵、油炸食品、蝦米乾，咖啡和干貝等，都是容易讓妳長皺紋的食物，不可常吃或吃太多。

飲食去皺菜單集錦

米飯糰

挑選溫熱綿軟的米飯捏成糰，放在臉部輕揉，這一方式能有效清潔皮膚油脂和污垢，可使皮膚呼吸通暢，有效減少皺紋。

豬蹄

豬蹄數隻（老母豬豬蹄最好），文火慢燉成膏狀，豬蹄筋肉吃淨，常吃可以有效減少皺紋；豬蹄高湯在晚上時塗抹於臉部，第二天早起清

洗。堅持二十多天，去皺效果明顯。

水果蔬菜

絲瓜、香蕉、橘子、西瓜皮、番茄、草莓等瓜蔬果菜對皮膚有最自然的滋潤和去皺效果，又可製成面膜敷臉，能使顏面光潔，皺紋舒展。

啤酒

少量飲用啤酒可以開胃增強食慾，而且還能清熱消暑、幫助消化。啤酒中富含的大量營養物質可以增強體質，有效去除皺紋。

茶葉

多喝茶可以增強體質，保持皮膚光潔，延緩皮膚衰老。做為一種天然的美容飲品，茶葉中富含四百多種化學成分。但茶葉去皺宜清茶，切忌濃茶。

雞骨雞皮

雞皮和軟骨裡面富含大量的軟骨素硫磺。而軟骨素硫磺富含彈性纖維，可以使得皮膚富有彈性和細膩光澤。將吃剩的雞骨和雞皮洗淨煲湯，常喝雞骨湯，常吃雞皮，可以美容去皺。

桑椹葡萄粥

桑椹子15克，白糖15克，葡萄乾5克，薏仁10克，粳米25克。將薏仁和桑椹子清洗乾淨後冷水浸泡數小時。然後將粳米淘洗乾淨，將粳米和浸泡的桑椹子、薏仁連同浸泡水一起倒進鍋裡面，加葡萄乾旺火煮開後小火慢燉，最後加入白糖適量。起鍋後每天一小碗早晚各一次。經常食用能豐潤肌膚、去除皺紋。

薏仁山藥粥

薏仁15克，山藥15克，紅棗6枚，小米50克，白糖10克。先將山藥

研磨成細粉末，然後將紅棗清洗乾淨後去核切成細條；將洗淨後的小米放在沙鍋中，加入薏仁、紅棗和山藥末，用適量水文火熬成粥後加入白糖適量即可。經常食用可以有效去除臉部皺紋，同時具有補益脾胃、清熱利濕的功效。

紅棗百合粥

紅棗6個，小麥仁30克，甘草（乾品）、百合（乾品）各5克，紅糖15克。將甘草和百合清洗乾淨後煎汁；然後將紅棗、小麥仁、紅糖以及甘草、百合的煎汁放入砂鍋內煮粥，起鍋後趁熱食用，每天一兩次，每次一小碗。經常食用可以有效增進食慾，促使皮膚紅潤白嫩，防止皮膚衰老，減少皮膚皺紋。

香蕉奶糊

香蕉3根，淡奶125克，麥片100克，葡萄乾50克。將上述原料文火煮好後加入適量蜂蜜，早晚各100克，具有良好的美容去皺功能。

蓮子百合粥

薏仁40克，百合10克，蓮子15克，枸杞子20克，冬瓜仁20克，甜杏仁粉各20克，大米200克。先將薏仁和蓮子蒸好，再與百合、大米和枸杞子同煮粥，粥熟後調入冬瓜仁、杏仁粉再煮片刻即可。每天早晚空腹兩次，每次一碗，可以美膚抗皺。

菊花糯米粥

銀耳20克，菊花10朵，糯米100克。銀耳水發後，連同洗淨的菊花和糯米煮粥後調入蜂蜜服用。每天兩次，每次適量。長期食用可有效對抗皮膚衰老和粗糙乾燥，使肌膚美白豐潤，光澤鮮亮。

牛奶芝麻糊

　　杏仁300克，核桃150克，白芝麻200克，糯米200克（糯米先用溫水浸泡三十分鐘），黑芝麻400克，淡奶500克，冰糖120克，水和枸杞子外加果料適量。芝麻在鐵鍋內炒到聞到香味後，和上述原料一起搗成粉末調成糊狀，用紗布濾汁。然後將冰糖入水煮沸，倒入糊中拌勻，撒上果料和枸杞子文火煮沸後起鍋。每天早晚兩次，每次各100克。此法量大，可根據情況酌減或減半。長期食用有抗老去皺、美化肌膚的奇效。

幾款水果去皺小妙方

　　橘子帶皮搗爛後用酒精浸泡，然後加入適量蜂蜜拌勻一週後使用，挖少許敷臉，能潤滑肌膚、去除皺紋。

吃剩的西瓜皮，清洗乾淨後在臉部輕擦或者切片敷臉，也能去皺防皺，清爽潤澤皮膚。

適量橄欖油和搗爛的香蕉均勻攪拌，塗抹在臉部能防皺去皺。

蜜糖酒精和絲瓜汁攪糊拌勻塗抹在臉部，乾後用清水洗淨，能防皺抗皺。

多吃南瓜子對皮膚保養有益無害，因為南瓜子裡面富含類似性激素物質，能促進皮膚的新陳代謝，增加皮膚彈性。

番茄搗碎後加蜂蜜調勻敷在臉部，具有良好的去皺效果。

草莓或者黃瓜切片敷臉，去皺美膚效果極好。

美麗物語

美膚從「嘴部」開始

想要嘴唇皮膚潤澤柔嫩，切記油炸食品要少吃。但是如果嘴饞憋不住的話，可以在油炸食品之前在外面裹上一層麵粉雞蛋漿或者香菜屑，能去除油炸食品的油膩。

吃魚吃肉時沾上點蘿蔔泥或者蒜泥除了開胃之外，還能有效促進營養消化，對去皺有幫助。

多吃蒸煮的食品，比如蒸蛋、蒸魚。

新鮮蔬菜生吃更好防皺；多吃大豆食品也能美膚抗皺。

第35計·飲食防曬　夏季更美白

　　春天即將過去，妳可聽到夏天的腳步聲？在日光充足、紫外線肆虐的夏季，美白防曬又成了夏季護膚的最重要事項。除了使用適合自身皮膚以及防曬值恰當的防曬產品，做足外部工夫之外，「內在」的防曬措施也十分重要。

　　大家都知道，有些食品具有美白防曬的功能，多吃防曬食品，能有效增加人體的抗紫外線能力，有效對抗紫外線對細胞的破壞，消除皮膚的暗沉粗糙，增加肌膚的彈性和美白。相信大家在做足內外防曬措施之後，這個炎炎夏日，妳會更加漂亮，更加楚楚動人。

　　現在就讓我們大致瞭解一下哪些食品具有防曬美白的作用吧！人體之所以曬後變黑，是因為紫外線破壞了皮膚細胞組織，黑色素氧化作用加快的緣故。因此，具有防曬功能的食品都具有提高人體抗氧化能力的效果。

　　食物中的維生素C，能夠有效抑制黑斑的形成，堪稱美白之王。多食用富含維生素C的食品，還能有效修復曬後皮膚。食物中的維生素E能有效防止肌膚老化，而食物中的維生素A則能增加皮膚的抵抗作用。所以，多吃富含維生素A和維生素E的食品，可以使肌膚抵禦紫外線的能力大大增強。

具有防曬功能的食品排行

番茄

　　含有大量的番茄紅素，而番茄紅素是最好的抗氧化物，所以，稱番

茄是最好的防曬食品毫不為過。番茄和胡蘿蔔或者馬鈴薯混合食用，防曬效果更佳。

下面介紹一款夏季番茄的食用方法，可以有效消暑解渴，預防皮膚曬傷：

番茄500克，草魚肉400克，豆腐適量，髮菜2撮，蔥2根。草魚肉清洗乾淨後剁碎，摻入蔥花、髮菜和調味料做成魚丸。豆腐用大火燒開後放入番茄煮沸，再放入魚丸，熟後放佐料起鍋即可。

西瓜

做為含水量最多的水果之一，西瓜能有效補充人體水分。此外，它還含有多種具有皮膚生理活性的氨基酸，易被皮膚吸收，防曬、增白效果較好。西瓜汁擦臉、西瓜皮敷臉等，都是西瓜美容的好方法。

不過要注意的是，在夏季，西瓜在冰箱冷藏不要超過兩個小時。

順便說一下，除了上述美容效果之外，西瓜還是美腿佳品。西瓜水分大，常吃有利尿作用。常吃西瓜排尿量增加，能有效減少人體膽色素的含量，並

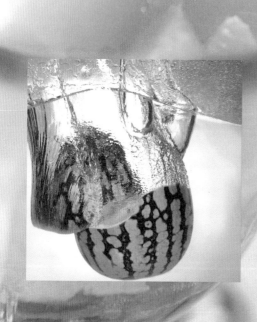

使大便暢通。同時，人體內的鹽分也隨尿液排出體外，對於減少下體浮腫效果明顯。而且西瓜富含的鉀元素，可有效改善下肢肌肉的疲勞。所以，常吃西瓜，常喝西瓜汁，會讓妳在滋潤肌膚的同時驚喜地獲得漂亮的腿型。

檸檬

柳丁、奇異果、甜椒和草莓，具有和檸檬相同的防曬效果。做為一種夏季防曬食品，檸檬富含豐富維生素C，經常食用可以有效對抗肌膚衰老，促進新陳代謝，使肌膚變得潔白細膩。

做為一種味道過酸的水果，檸檬很少直接使用，一般用來榨汁和配菜。

和其他柑橘類水果相比，檸檬可以儲存較長的時間。檸檬的果肉、皮和汁，具有很強的酸性和香氣，是很好的搭配食品。下面介紹幾種常用的檸檬食用方法：

檸檬汁拌蘋果梨：梨和蘋果洗淨後去皮去核切成小塊，將蜂蜜和檸檬汁適量碗中攪勻，灑在蘋果、梨塊上攪勻即可食用。

煮檸檬山藥：山藥刀切後清水浸泡去掉澀味再瀝去水分，加入適當調味料，和切成薄片的檸檬一起煮，煮乾為止。

檸檬醋：常吃富含大量含維生素C的檸檬，可以減少雀斑生成，美白肌膚。從某種程度上講，檸檬與醋具有相同的功能，比如平衡人體內的酸鹼值，幫助消化，調理腸道和分解脂肪，促進新陳代謝，美容養顏。

檸檬醋的製作方法如下：檸檬250克、冰糖250克、陳醋半瓶。陶瓷或玻璃罐1個。將洗淨後的檸檬置於陰涼處晾乾切塊，然後將檸檬片和醋加入冰糖放置罐內，攪拌至糖充分溶解，密封後陰涼處放置三十天，然後將檸檬撈出來再放置半個月到三十天即可飲用。檸檬和醋混合後酸度

很高，避免空腹喝，以免傷胃。

堅果

不飽和脂肪在堅果中含量豐富。風吹日曬中，肌膚會消耗大量水分，而不飽和脂肪則能有效對抗日曬、保濕軟化皮膚，防止皺紋的產生。因此，常吃富含不飽和脂肪的堅果，會令妳看起來更加年輕。

在所有的堅果中，核桃的抗氧化能力是最強的，無愧於抗氧化之「王」的稱號。吃核桃不要去除核桃仁表面的褐色薄皮，因為這層皮的營養含量十分豐富。但核桃一次不要吃太多，以免影響消化。

需要提醒的是，任何事情都不是一蹴可幾的，堅果防曬美容也不要強求立竿見影。堅持食用堅果一個月，皮膚抗曬美白的效果就會大有改善。

大豆製品

大豆製品是很好的夏季防曬食品，具有較強的抗氧化能力。同時，大豆製品還可以保持皮膚的光潔細緻，也是一種效用良好的美容食品。

大豆製品，如豆腐、豆漿（建議不放糖）都是比較好的選擇。

茶

綠茶是飲品中最好的防曬飲品之一。除此之外，綠茶還能有效改善皮膚鬆弛和粗糙。

下面介紹一種消斑養顏茶，夏季常飲具有良好的防曬美白作用：

川七5克，西洋參10克，珍珠粉3克，白茯苓15克，玫瑰花5朵，去核紅棗15克。上述材料加沸水沖泡，燜約二、三十分鐘即可飲用。

幾款具有美白皮膚功效的粥

夏季天氣炎熱，很多美眉們都吃不下飯，這個時候，不妨考慮考慮對肌膚具有美白功效的粥，趁此機會多多食用，配合上述防曬食品，美白防曬雙管齊下，不愁沒有白皙光潔的皮膚。

胡桃粥

將胡桃數個去皮搗碎，連同粳米一起煮粥，起鍋後加入適量冰糖。夏季冰鎮食用更佳，具有美白皮膚的效果。胡桃能美白潤澤肌膚，和粳米同煮，比較適合臉部晦暗憔悴、身體虛弱的女性食用。

脊肉粥

粳米150克，瘦豬肉100克切成小塊用香油炒後連同粳米一起煮粥。成粥後加入辣椒、精鹽稍煮片刻即可。具有美白抗曬的功效。

杏仁粥

杏仁20克，粳米200克。先將杏仁研成粉末狀，待粳米煮稠後，放入杏仁粉再繼續煮沸即成。每天兩次，隔日服用美白抗曬最佳。

銀耳粥

銀耳8克，粳米400克，紅棗4個，冰糖40克。銀耳用開水發漲、洗淨，粳米用清水淘洗乾淨，紅棗洗淨。把粳米、銀耳、紅棗放在砂鍋裡，加入清水1000毫升，慢煮至米粥湯稠，表面浮有粥油，放入冰糖，再煮五

分鐘即可。早晚服食。

　　黃褐斑和臉部乾燥脫屑的人，十分適合食用，經常食用可使臉色潔
白。

美麗物語

九種食品幫您減肥

身材肥胖急於減肥的女生請注意了，下面九種食品，具有分解脂肪的能
力，經常食用有助於妳的身體減肥：

鳳梨、凍豆腐、綠豆芽、筍、醃漬類蔬菜、木瓜、陳皮、烏賊、薏仁。

第36計・補水九方法 美膚有功效

　　譚女士的優酪乳美容，收到了極好的效果。可是令她苦惱的是，半個月後她要去非洲一個小城鎮出差三個月。她擔心那個小地方不太好買到優酪乳，可是沒有優酪乳怎麼美容呢？

　　剛剛從日本回來的林先生看到太太譚女士愁眉苦臉的樣子說：「沒有優酪乳可以用其他方法美容呀！我剛剛從日本回來，那裡現在流行補水美容法。我知道妳愛美，特意抽出時間來詢問了日本的一些美容專業人士，算是給妳帶回來的最好禮物了。」

　　「補水可以增加肌膚的含水量，是護膚的最基礎方法。這誰不知道。」譚女士對丈夫林先生的禮物似乎不是很領情。

　　「當然啦，補水對肌膚好這是人人都知道的，不過這裡面的學問可就大了呢！目前日本的不少女性，透過科學補水來美容，是一種風尚呢！」林先生說。

　　「好吧！那本人洗耳恭聽。」

　　「喝水是最簡單的飲食活動吧？但是做為一項美容術而言，喝水卻是一門高深的學問。」林先生介紹說，在目前的日本，許多女士在喝水方法上大動腦筋，要挑喝水的時間，挑水質的內容，「只喝對的，不喝貴的」。那麼，怎樣才是正確的喝水方法呢？林先生介紹了日本女士的九種補水美容方法：

1、清晨補水需慎重

　　清晨一杯冷開水，可以潤滑腸道，降低血黏度，增加便意，有利於排毒。清晨一杯水，可以使妳變得滋潤水靈。因此，許多日本女士把清

晨的一杯冷開水當做每日必需的美容環節，還有一些女性將清晨的冷開水換成了牛奶、果汁或者煲湯等等。那麼，清晨怎樣補水才是最科學、最有利於身體健康、肌膚美容的呢？

清晨一杯冷開水，幾乎適合所有女性。但是，一些體質寒涼的人（通常表現為身體消瘦、膚色蒼白），晨起後飲用溫熱的粥湯最為合適。如果冷水、果汁和牛奶低於人體體溫，則不宜飲用。

晨起空腹飲水有益於潤腸排便，但是空腹不宜飲用鮮榨果汁。

晨起補湯也有要求，不要喝含鹽的肉湯和餛飩湯。含鹽的湯類會導致身體更加乾渴。

2、餐前進水 補養腸胃

常言道：「飯前一碗湯，勝過良藥方。」可見進餐前補水的重要性。即便在西方，西餐開餐前，也有喝湯開胃的環節。有人認為，飯前補水會將胃液沖淡，進而影響消化效果，這種擔心大可不必。餐前補水，能有效滋潤食道，調動人的食慾，為進食做好準備。

因此，餐前喝一杯果汁、優酪乳，或者一碗煲湯，冰糖菊花茶也好，都是護膚養胃的好方法。

3、注重「看不見的水」

肌膚和身體補水，並不一定要端著水杯或者果汁瓶來喝。多喝看不見的水，對人體更有益。

蔬果、米飯裡面含有大量水分，一日三餐乾飯和稀粥搭配食用，有利於身體健康，也能收到良好的補水效果。利用三餐來補水，多吃蔬菜和水果，多喝清淡的湯類，既能增加營養，又能有效補充身體內的水分，滋養美化皮膚。

4、利水食物平衡人體水分

　　人體需要大量補水，也需要透過出汗、小便等來排除人體的水分，這樣才是良好的循環。透過水分在人體的循環，人體內的廢物毒素隨著汗液、小便排出體外，同時排水後身體又需要新鮮的水分。如此反覆，肌膚會變得滋潤美白。

　　利水食物能增加人體水分的排泄。比如茶、咖啡和西瓜等等，這些食品能加速人體尿液的形成；一些富含膳食纖維的食品比如蔬菜、粗糧，能有效結合大腸內的水分，透過糞便排出體外；一些辛辣刺激的食物，能刺激人體的感官系統，促使人體出汗排水。

　　因此，多吃利水食品，能使得人體水分良好循環，達到合理的平衡，增進肌膚的滋潤和美白。

5、維生素C飲料不要多喝

　　目前市場上的維生素C飲料很多。我們都知道，維生素C對人體健康和美容有良好的作用，但是任何東西都不能過量，維生素C飲料也是如此。過多飲用維生素C飲料會導致人體的依賴性，同時還會引起腹瀉和泌尿系統結石。

6、開水裡面有「殺機」

　　長時間處於煮沸狀態的開水，以及開水變涼之後多次煮沸的水（俗稱千滾水），裡面很有可能含有致癌物；較長時間放置的開水，水質會發生變化，產生對人體有害的物質。

　　家中的飲水機，要即時進行消毒清潔。選用的飲水，也要符合品質要求，以免成為危害人體健康的源頭。

7、喝運動飲料掌握好溫度

　　在劇烈運動之後，運動飲料能迅速補充人體所需的糖分、鹽分以及鉀、鎂、鈣等物質。運動飲料的溫度大有講究，溫度過高對人體散熱不利；溫度過低會刺激胃腸道，造成胃腸道痙攣。

　　運動飲料即時補充了人體肌膚所喪失的水分，所以對肌膚的美白滋潤有良好作用。

8、少喝酸味飲料

目前市場上添加檸檬酸以及其他酸味的酸味飲料很多。人體過多攝取有機酸，會影響人體的PH值，導致人體酸鹼度的不平衡，容易使人感到疲勞感。人體酸度過多會導致皮膚粗糙暗沉和過敏，並很容易生成雀斑、黃褐斑和痤瘡。所以想要保持美白肌膚，盡量少喝酸味飲料。

9、警惕甜飲料

富含糖分的可樂、雪碧等飲品，容易增加妳的體重。如果妳是一位愛美女性，那麼，要控制甜味飲料的飲入。

聽完丈夫的介紹，譚女士驚訝的說：「原來光是喝就有這麼多講究啊！那我到了非洲小鎮，是不是就可以透過上面的飲水方法，保持美麗的肌膚了呢？」丈夫林先生說：「在日本和一些女士接觸的時候，她們認為，美容要從平常做起，比如飲水美容，一定要做為一個長期的生活習慣。基礎性的飲食美容方法，要保持一顆平常心，不要貪圖立刻見效。循序漸進，經常使用，它一定會給妳最大的驚喜。」

第五章

家庭DIY，
「面子」工程
大改造

妳知道自己身邊藏著多少的美麗法寶嗎？
妳知道就算是雞蛋、黃瓜、牛奶、紅糖，
也能給妳最閃耀的肌膚嗎？妳會親手做多
少種美容面膜呢？趕快捫心自問一下，如
果妳的回答還不夠自信，那就快看看下面
幾節，我們會給妳隨手可操作的居家美膚
小妙招。

第37計・肌膚白嫩，「蛋」斑攻略

蛋類經過科學食用合理調製，具有去除臉部斑點的神奇效果。「蛋」斑，「淡」斑。可見蛋類和去斑確實有著天然的關係。

雞蛋，家中最常見的東西。可是，很多人卻忽略了這是一個美容去斑的佳品，有幾個美眉認真地利用上了呢？不要抱怨自己口袋裡面的銀子太少，想要輕鬆美膚，不妨來試試雞蛋美容，不會花費妳太多銀子的。但是要記住，聰明勤快才是美膚的救星哦。

蛋斑妙方 舊貌換新顏

下面這些蛋斑妙方，如能長久堅持，一定能讓妳舊貌換新顏，自己也不敢認自己。

醋蛋液

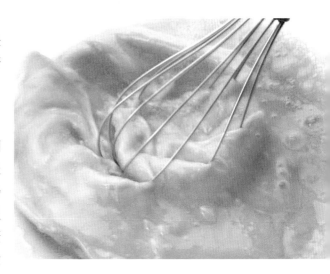

新鮮雞蛋數枚用醋浸泡一個月，當蛋殼溶解於醋液中之後就可以食用醋蛋液了。取一小湯匙溶液加入一杯開水，攪拌後服用，每天一杯。長期服用醋蛋液，能使皮膚光滑細膩，掃除臉部所有黑斑。

蜂蜜蛋白膜

一小勺蜂蜜和一個蛋清混合攪勻，睡前塗抹在臉部（用乾淨軟刷子塗刷最好），乾後清水洗淨。其間可進行刺激皮膚細胞的按摩，促進血

液循環。此面膜一星期使用兩次為宜。這種面膜還可以用水稀釋後搓手，冬季可防治皸裂。

蛋清膏

一百克杏仁去皮搗爛加入蛋清調勻，睡前敷臉，晨起清洗乾淨。

白雪膜

白酒浸泡雞蛋，經過四、五天密封後，可以用浸泡雞蛋的白酒塗臉，能減少皺紋、美白肌膚，有效去除臉部雀斑。過敏性皮膚者慎用。

蛋黃面膜

蛋清和牛奶調勻，塗臉十五分鐘，對中性皮膚的保養效果尤佳。只須堅持三個月，妳的容顏便會煥然一新。

蛋殼軟膜

雞蛋殼內軟薄膜，黏貼臉部皺紋部位，乾後揭下，用軟海綿擦去油性皮膚的死皮；如果是乾性皮膚，應塗些植物油再擦去死皮，最後洗淨。

磨砂膏

一小勺食鹽和蛋清調勻，毛巾沾取擦臉，具有磨砂膏般去死皮的功效。同時也能有效去除臉部斑點。

蜂蜜蛋黃面膜

蛋黃、蜂蜜加麵粉調糊塗敷臉部，不但能治粉刺，而且可預防秋冬皮膚乾燥。如果是油性皮膚，應加入一匙檸檬汁混合攪勻，用棉花棒塗於臉上，十五至二十分鐘後以溫水洗去。

糖蛋美容

　　將水燒沸後，放入雞蛋三分鐘。此刻蛋白全熟，蛋黃半生半熟。然後將蛋殼敲開一個小口，放入少許糖便可以享用。食用這種雞蛋半年後，包妳皮膚變得又白又滑。

雞蛋按摩

　　蛋清彈性強、質地軟，用於肌膚按摩最好不過了。用溫水將臉部洗淨、擦乾，將煮好的雞蛋趁熱剝殼，用溫熱的雞蛋在臉上滾動。額頭從兩眉開始，沿肌肉走向上，滾動直到髮際；眼部、嘴部是環形肌，所以要環形滾動；鼻部是自鼻根沿鼻翼向斜上滾動；臉頰是自裡至外向斜上方滾動，直到雞蛋完全冷卻。最後，用雞蛋按摩後要用冷毛巾敷臉幾分鐘，這樣可以收縮臉部的毛孔。

　　熱雞蛋與冷毛巾敷臉，一張一弛令皮膚富於光澤和彈性。

鴨蛋羹

銀耳20克，冰糖40克，鴨蛋兩個。銀耳洗淨，清水文火煮爛後打入鴨蛋加入冰糖，再用旺火將鴨蛋煮熟即可成鴨蛋羹。常吃鴨蛋羹，可以具有清熱解火、補益肺臟、美容肌膚和去除臉部斑點的奇效。但脾陽不足、寒濕下痢的患者不宜服用。

美麗物語

蛋類的美容營養價值

富含大量蛋白質是雞蛋最突出的特點，其蛋白質含量高達13%，而且含有人體需要的所有必需氨基酸。同時，雞蛋中還含有大量的脂肪、維生素和礦物質。在雞蛋中，脂肪含量約佔11%，不過這些脂肪基本上都存含在蛋黃中，蛋白只含有少量脂肪。雞蛋黃中的脂肪不僅含有必需脂肪酸、亞油酸，而且含有豐富的卵磷脂和膽固醇。雞蛋中的礦物質含量主要有鐵、鈣、鋅、硒等。同時，雞蛋中的維生素含量種類比較多，有維生素A、維生素B_2和維生素B_{12}。

鴨蛋也具有美容護膚的作用，但效果和雞蛋相比稍差，鴨蛋含有鈣、鉀、鐵、磷以及蛋白質、磷脂、維生素A、維生素B_2、維生素B_1、維生素D、等營養物質，性寒涼味道甘甜，對於肺臟有很好的補益作用，是豐潤滋養皮膚的佳品。

鵪鶉蛋具有很好的美容護膚作用，其營養價值不亞於雞蛋。鵪鶉蛋性平和味道甘美，富含鐵、磷、鈣以及蛋白質、腦磷脂、卵磷脂、賴氨酸、胱氨酸、維生素A、維生素B_2、維生素B_1、維生素D等營養物質，能有效補益人體氣血，是一類很好的美容食品。而且還對神經衰弱、月經不調等病人有良好的補益作用，十分適合女性食用。

第38計·美麗「膜」法大集合

有時候美容不一定非得在化妝品和美容院上面砸錢哦，利用家裡現有的材料，妳就可以隨時隨地、物美價廉的進行美白。這個時候，DIY面膜就是一種居家美白的妙方。

自製面膜是崇尚天然的愛美人士的最佳選擇，但是為什麼有些人用自製面膜敷出了健康、美麗的肌膚，而有些人皮膚卻變得越來越粗糙呢？原因很簡單，自製面膜也有很大講究，不是隨便什麼都可以拿來用的。

自製面膜三大注意

使用面膜過於頻繁會引起角質層增厚，自製面膜同樣也不能使用太勤。面膜中的白醋、檸檬等酸性濃度過多會刺激皮膚，致使皮膚變得粗糙敏感。同時，面膜成分不當或過於單一也會造成皮膚的不良反應。因此，自製面膜需要掌握好三大原則：

1、自製面膜儘管屬於天然保養品，但是也不能使用過於頻繁，否則會加厚臉部肌膚的角質層，對皮膚造成損害，使肌膚免疫力下降。

2、女性朋友在製作面膜時，要根據自己的膚質來選擇不同成分的面膜材料，不能一概而論。

3、季節和年齡層不同，自製面膜的成分和類型也有所差別。所以在自製面膜時，要多諮詢、多瞭解，製作出適合自身年齡層以及適合不同季節的面膜。

介紹幾款簡易安全的DIY面膜

一、具有清潔功能的面膜

1、**西瓜皮面膜**　每週使用一到兩次，經常使用可使肌膚白皙滑嫩。切片敷臉或者打成糊狀塗抹臉部皆可。

　　註：下面沒有註明使用方法和製作方法的，都可按照上面的方法切片敷臉或者打成糊狀塗抹臉部。

2、**蛋清面膜**　能有效將臉部污垢黏除，使臉部皮膚變得緊實。妝前塗抹蛋清面膜，可以延緩化妝品的脫落。

3、**蘋果面膜**　將蘋果去皮去核後搗爛，連同適量食鹽和檸檬汁攪拌塗勻臉部，清潔效果良好。

4、**番茄面膜**　將番茄和檸檬搗成糊狀，加麵粉適量攪拌均勻。番茄面膜在臉部塗抹半個小時後清洗乾淨，能起到深層清潔皮膚和清除死細胞的作用。同時，經常使用番茄面膜，能收斂鎮定皮膚，去除臉部粉刺，具有很好的清潔和美白效果。

5、**檸檬蛋酒面膜**　生雞蛋一個敲碎，混入適量脫脂奶粉和檸檬汁，加入一勺白酒攪勻後即成。這款檸檬蛋酒面膜適合任何膚質，塗抹臉部十五分鐘左右後去除，能有效滋潤保養肌膚。這款面膜中含有酒精，使用之後皮膚會有乾燥感，要注意肌膚的滋潤和保濕。

二、具有去角質功能的面膜

1、一個蛋清和一小勺鹽攪糊，可製成鹽蛋清面膜。

2、綠豆粉面膜。綠豆粉加適量水（優酪乳、蜂蜜或者養樂多也可）攪糊後即可。此面膜還能有效減少痘痘的發生。

三、具有滋養功能的面膜

1、**胡蘿蔔蘋果面膜**　蘋果洗淨後去皮去核，然後和胡蘿蔔一起搗碎即

可。紅色的胡蘿蔔是最佳原料。

2、**玫瑰面膜** 玫瑰花瓣適量洗淨浸泡兩小時後，將浸泡過的花瓣搗碎成糊即可敷臉。這款玫瑰面膜適合乾性皮膚的女性使用，過敏性皮膚的女性最好不要用這種面膜。

3、**椴樹花面膜** 將椴樹花研末後用冷水調成糊狀，加熱到70度左右後，等降到體溫時就可以塗抹在臉部，二十分鐘後清洗乾淨。長期使用可以滋養肌膚，使臉部肌膚細膩柔滑。

4、**杏仁番茄面膜** 杏仁適量、番茄一個搗碎調勻，能有效去除臉部黑頭和粉刺。

5、**黃瓜胡蘿蔔蛋清面膜** 黃瓜胡蘿蔔適量搗碎和蛋清攪勻。這款面膜能有效改善臉部肌膚的粗糙，使肌膚細嫩柔膩。

6、**果汁面膜** 杏汁、桃汁、葡萄汁和西瓜汁，加麵粉混合攪勻即可。

7、**香蕉麻油面膜** 香蕉搗碎加上適量麻油攪拌即成。此款面膜適合乾性、中性皮膚的女性使用。

8、**優酪乳面膜** 適量優酪乳、麵粉攪勻成糊狀即可使用。

9、**蜂蜜蛋黃橄欖油面膜** 蛋黃搗碎混合適量蜂蜜和橄欖油攪勻即可，能有效補充肌膚養分。

四、具有保濕效果的面膜

1、**蜂蜜面膜** 適量蜂蜜敷臉，對肌膚有很好的保濕作用。

2、**蘆薈面膜** 洗淨去刺的蘆薈25克，洗淨的黃瓜半條，雞蛋1個，麵粉或燕麥粉（後者比前者的營養成分高）適量，砂糖或蜂蜜適量。

將蘆薈葉片和黃瓜分別搗碎濾汁，雞蛋打破混合一勺蘆薈汁三勺黃瓜汁，然後加上砂糖、蜂蜜適量攪勻，最後加入五小勺燕麥粉或者麵粉

攪糊後即可。

蘆薈面膜塗抹於臉部之後，最好等半個小時到五十分鐘後再取下洗淨。經常使用能美白保濕臉部肌膚，使臉部肌膚富有彈性。

3、**黃瓜面膜**　富含大量水分的黃瓜切片敷臉，同樣對肌膚有很好的補水保濕作用。

4、**香蕉牛奶面膜**　香蕉搗碎和牛奶調勻塗臉，具有很好的臉部保濕作用。

五、具有緊膚作用的面膜

1、**白雪面膜**　雞蛋在密封的酒罐中浸泡二十八天後取出來，睡前用蛋清敷臉，能消除臉部皺紋，使臉部肌膚富有彈性，具有滋潤美白臉部肌膚的作用。

2、**海藻橄欖油面膜**　具有保濕殺菌功能的海藻適量搗碎成糊，加兩三滴橄欖油攪拌均勻即可。

3、**牛奶草莓面膜**　草莓洗淨後加適量牛奶調勻即可。

4、**胡蘿蔔西瓜面膜**　西瓜瓤和搗碎的胡蘿蔔調勻，具有去皺緊膚作用。

5、**蘋果蜜面膜**　蘋果洗淨去皮去籽搗碎，加入適量麵粉和蜂蜜調勻，具有增加皮膚彈性，預防臉部皺紋的作用。

6、**蜂蜜蛋清面膜**　蜂蜜和蛋清混合後敷臉，具有滋潤和緊膚的作用。

7、**牛奶橄欖油面膜**　牛奶和橄欖油混合加適量麵粉攪勻後即可。

六、具有美白功效的面膜

1、**茶糖面膜**　紅茶茶葉兩勺、紅糖兩勺外加麵粉和冷開水適量。用適量水將紅茶茶葉、紅糖煮沸後冷卻，加入麵粉調勻即可。具有滋潤白皙

皮膚的作用。

2、**草莓面膜** 具有美白臉部肌膚的作用，還具有曬後修復、鎮定皮膚、減輕曬後疼痛的效果。

3、**苦瓜面膜** 先將苦瓜冷藏十幾分鐘後切片敷臉即可。具有美白保濕的作用。

4、**豆腐蜂蜜面膜** 豆腐搗碎後將水分濾乾，加入適量麵粉和蜂蜜攪勻即可。塗抹於臉部後二十分鐘取下清洗乾淨，經常使用此款面膜可使臉

部肌膚細白透明。

5、**紅酒面膜** 紅酒40毫升,蜂蜜4勺,外加珍珠粉適量混合攪勻後塗於臉部。具有美白臉部肌膚的作用。

6、**白芷面膜** 橄欖油和清水適量,外加少許麵粉和白芷粉,調和攪勻後即可。此款面膜塗於臉部十五分鐘後就可以去除洗淨,具有排膿消腫、美白肌膚的良好作用。

7、**黃瓜蛋清面膜** 黃瓜一條,一個蛋清,醋兩勺。黃瓜搗碎後和蛋清、醋攪勻即可。

8、**杏仁蛋清面膜** 杏仁用開水煮然後去皮搗碎成泥,加上蛋清攪拌均勻即可。每週一次,可以使臉部肌膚富有光澤,美白細膩,減少皺紋。

七、具有去痘作用的面膜

1、**陳醋蛋清面膜** 用醋浸泡雞蛋七十二個小時後將雞蛋撈出,蛋清可以敷臉,一週兩次為佳,可有效預防臉部痘痘。

2、**益母草面膜** 黃瓜榨汁,和碾成粉末的益母草攪勻,混入適量蜂蜜調和好之後即可敷臉,去痘效果相當理想。

3、**馬鈴薯泥面膜** 馬鈴薯煮熟後去皮搗碎,加入適量甘油、牛奶調勻即可。

4、**黃蓮面膜** 絲瓜榨汁後和黃蓮粉調勻即可敷臉。此款面膜具有殺菌解毒、抑制臉部痘痘的作用。

5、**萵苣面膜** 萵苣葉子搗碎後加水煮五分鐘,然後將萵苣葉子撈出來用紗布包好敷臉。萵苣湯可以擦臉。此款面膜能有效去痘,而且還具有去除粉刺、修復曬後皮膚的作用。

八、具有去斑作用的面膜

1、**檸檬蛋清面膜** 檸檬汁、蛋清外加麵粉適量混合，長期使用具有去斑作用。

2、**香菜湯** 香菜放進適量的水裡煮沸，將香菜撈出，用香菜湯洗臉。一日一次能有效去斑。

3、**茯苓面膜** 蜂蜜適量加茯苓粉混合攪勻，睡前敷臉能有效去斑。

4、**黑砂糖面膜** 黑砂糖150克，蜂蜜45克，攪勻成糊狀後即可敷臉。此款面膜具有加快臉部新陳代謝、促進臉部肌膚的血液循環、淡化斑點、滋潤皮膚的作用。

5、**玫瑰面膜** 玫瑰粉8克、黃芪粉8克、銀耳粉2克、甘草粉2克。將上述原料混合後，加入少量水拌勻（也可滴入適量玫瑰果油），繼續攪拌即可。用面膜刷塗抹在臉部，再加一層濕潤紙膜，以增加肌膚對自製面膜營養的吸收。二十分鐘後即可揭下洗淨。此面膜具有美白滋潤肌膚、去除臉部斑點、淡化色素的作用。

九、具有去油作用的面膜

1、**蜜糖蒜頭擦臉** 清水潔面後，用沾取少許蜂蜜的蒜頭在臉部油膩部位輕輕擦拭，能有效去除臉部油脂。這款去油擦臉的過程需要半個月。第一天需要擦拭十五次，依次遞減，最後一天擦拭一次即可。結束後，妳會發現妳的臉部變得乾淨清爽。

2、**檸檬面膜** 蛋黃和小蘇打適量攪勻後加入檸檬汁再攪拌，敷在臉部具有去除臉部油污的作用。

3、**燕麥面膜** 牛奶、燕麥片各適量，攪拌調勻成糊狀即可敷臉，同樣具有去除臉部油污的作用。

4、**生梨杏仁油敷臉** 梨子煮熟後去皮去籽，放涼後搗碎加入一勺杏仁油攪勻後即可敷臉。此款面膜不僅能去除臉部油膩，而且還能預防治療粉刺。

十、特殊功能面膜

1、**防止皮膚過敏面膜** 奶粉適量和黃瓜汁攪勻敷臉，可以有效防止皮膚過敏。

2、**消炎面膜** 蛋清加適量麵粉敷臉，有消炎去腫的作用。對於不當化妝品引起的皮膚過敏有較好的治療作用。

3、**舒緩曬傷面膜** 臉部肌膚曬傷後，可用冰凍過的牛奶洗臉，然後用浸過牛奶的毛巾敷在臉部發燙處，能有效修復曬後皮膚。

十一、自製眼膜

1、**絲瓜眼膜** 未成熟的鮮嫩絲瓜，洗淨後削皮去籽搗碎成糊，塗抹眼部，具有抗過敏、增白潔膚的作用。

2、**銀耳眼膜** 取銀耳適量，加水煮成濃汁，冰鎮後即可敷眼。能有效去除眼部周圍的皺紋，增強肌膚彈性。

3、**冰牛奶眼膜** 牛奶冰鎮，早晚兩次每次十分鐘敷在眼部周圍，能有效消除眼袋。

4、**茶葉眼膜** 濃茶水每週一次敷眼，具有消除黑眼圈的作用。此款眼膜禁用紅茶水。

5、**甘菊茶眼膜** 甘菊茶水每週敷眼兩次，能有效預防和去除眼袋。

第39計·隨手拾起美白妙方

居家女人說忙也忙，說閒也閒，家務事雖然多而繁雜，但畢竟還能自己掌控安排。「先生每天在外面打拼，而我卻在家裡無所事事。」身為一個全職太太，方太太有足夠的居家空閒，於是總會有各式各樣的方法來美容護膚。妳看，她經過幾個月的實踐，發明了幾種美白肌膚的沐浴方法。

「逛街逛膩了，美容院去煩了，購物沒有欲望了。整天待在家裡，開始奇思妙想。」面對前來閒聊玩耍的幾個姐妹，方太太說起自己發明的幾個隨時可做的小秘方，儘管她自稱得益於「太閒了」，不過還真是閒有閒的妙法啊！

洗澡雪膚

沐浴時，用紗布包裹適量細鹽，拍打按摩身體各個部位五六分鐘即可。這種方法能有效去除死壞的角質，幫助血液循環，使皮膚細嫩白皙。

食鹽去斑

食鹽一勺、白藍粉六勺和蘭花粉三勺，外加白糖適量，用水調勻成糊狀，塗抹於斑點部位，隔一天塗抹一次，能有效去除皮膚斑點。

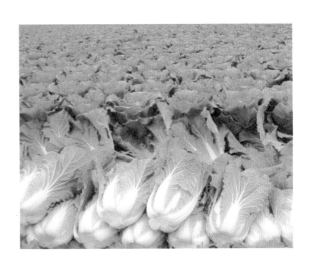

食鹽除痘

白醋半湯匙，食鹽一湯匙，用冷開水融化後用化妝棉或者棉布，塗抹在痘痘部位，一天一次，長久堅持能有效除去皮膚粉刺。

食鹽嫩膚

食鹽30克，杏仁粉200克，用冷水調勻後塗抹在臉部，每星期兩三次，可以使肌膚細膩柔滑，更加白嫩。

白菜敷臉

新鮮的白菜洗淨後切成片，貼在臉部，有美白肌膚的作用。

第40計・居家美白妙方：美肌浴

經歷了半個月的野外作業後，芳菲女士獲得了一個長達一週的休閒長假。身為一個戶外廣告設計者，芳菲女士很少在家。她利用這次長假，痛痛快快的做了一個居家女人，看書、看影片、網路聊天、早睡早起。不過這次居家女人最大的收穫是，她從美容師黃先生那裡學到了六種居家美白浴，讓她在這一週的時間裡，好好的慰勞慰勞了這段時間以來被陽光狠狠傷害的肌膚了。

檸檬浴

在浴缸內放兩三片新鮮的檸檬切片。檸檬浴能有效消除身體疲勞，令肌膚柔滑細嫩，體香四溢。檸檬浴還能有效消除腳後跟和手肘部的厚繭。

嫩芽海帶沐浴法

嫩芽海帶是人體健康食品之一，用它來沐浴最好不過了。先將嫩芽海帶用清水浸泡，徹底洗淨後，用紗布包好。沐浴時用裝有嫩芽海帶的紗布包揉搓擦拭身體，可令肌膚細嫩美白。

米糠沐浴法

做為一種最為廉價的沐浴法，米糠沐浴的美白功效絕對讓人刮目相看。粗米糠適量裝入紗布，沐浴時用紗布擦拭按摩全身肌膚。粗糙的米糠能有效去除肌膚油膩，給肌膚深層清潔，使肌膚變得光滑美白。

橘皮沐浴法

為了有效清除橘皮表面的農藥，先用蔬果清洗劑將橘皮清洗乾淨之

後，然後將橘皮放進浴缸。做為一種天然的物美價廉的沐浴妙方，橘皮沐浴法能有效滋潤肌膚，令肌膚光滑細膩。所以，有心的女性朋友要注意了，以後吃過的橘皮可不要再丟棄了哦。

牛奶沐浴法

雖然奢侈，但是效果奇佳。過期但是未結塊的牛奶用來沐浴，效果

更好。

乾刷浴

乾刷浴能有效清潔和按摩皮膚。皮膚表面的污垢和壞細胞容易滋生大量細菌,使肌膚變得暗沉粗糙。乾刷浴則能有效去除肌膚表面的污垢和壞死細胞,還妳清爽乾淨柔滑的肌膚本色。

柔軟的毛刷,比如羊毛刷、豬鬃刷等,是乾刷浴的首選工具。尼龍毛刷以及合成纖維製作的毛刷因為其刷毛堅硬,容易刺傷皮膚,所以不能用於乾刷浴。

將刷子用清水徹底洗乾淨後,可以從腿部向上做乾刷皮膚的動作,雙手雙臂也不要錯過。最佳方式是,在淋浴流水下做乾刷浴,更能有效清除肌膚表面的污垢。

美麗物語

浴後冷水操

洗好澡後,用低於洗澡水溫度的冷水沖洗一下身體,然後再擦乾淨,更能健美肌膚。因為低於沐浴水溫的冷水,能令溫熱的肌膚驟然收縮,毛細血管迅速變緊然後再舒張,相當於做了一個皮膚毛細血管的體操。這樣的刺激能有效活動肌膚細胞,起到收斂緊緻皮膚的作用,使肌膚富有彈性,更加健美。

有些人的體質不適合用冷水沖洗,那麼可以用毛巾在冷水中浸濕後周身擦拭,也可以達到相同的效果。

第41計・廚房裡的秘密美容師

　　各位美眉們注意了，趕緊盯緊自家的廚房吧！要知道廚房不僅僅是一個居家美食重地，也是一個物美價廉的美容基地哦，很多的蔬果都是製作眼膜的好原料，堪稱是廚房裡的秘密美容師呢！下面就讓我們一起去廚房中尋找，挑出那些能夠有效去除眼袋和黑眼圈的法寶吧！

絲瓜眼膜

　　絲瓜是製作眼膜的最好原料，也是一類蔬菜護膚佳品。絲瓜眼膜的做法是：取鮮嫩絲瓜一條去皮去籽後搗碎成泥，塗抹在眼部周圍，具有美白潔膚、消除眼袋和黑眼圈的良好作用。

蜂蜜蛋黃膜

　　一小勺蜂蜜和一個蛋黃攪勻，加入橄欖油適量，塗抹在眼部，具有防皺和潤膚的效果。一週做兩次最好。

牛奶眼膜

　　脫脂牛奶冰鎮後，用化妝棉或者棉片浸濕敷在眼部，早上起床及晚睡前各一次，每次十分鐘左右，長久堅持可以有效消除眼袋。

銀耳眼膜

　　銀耳洗淨剁碎後，在鍋中熬成濃汁後冰鎮，每天一次，取適量銀耳汁塗抹在眼部周圍，能有效去除眼部皺紋。

黃瓜蛋清膜

　　鮮嫩黃瓜榨汁後和蛋清攪勻，加入適量白醋敷眼，能有效增白抗皺。一週一兩次最佳。

　　廚房內的美容原料還算豐富吧！多動腦、多動手，可以幫妳省不少銀子哦。

第六章

運動美膚的
「化學反應」

常言道：「生命在於運動，我們本身就生活在運動中。」宏觀上講，地球無時無刻在運動，微觀而言，即便是在靜坐或者沉睡中，我們的五臟六腑在運動，皮膚細胞在運動，身體血液也在運動。運動是生命之源，同樣，一個強健的體魄，標準的身材，健美的肌膚，同樣也要靠不懈的運動和鍛鍊。

本章中我們主要給愛美的女性朋友介紹了一些對於肌膚在運動時的保養方法，還有一些除皺按摩操哦，看後不妨試著做一做，妳的肌膚會在運動中產生意想不到的「化學反應」，讓妳的肌膚更加健美和美白。

第42計・運動時的皮膚保養

　　運動可以促進血液循環，加速新陳代謝。合理的運動如果能夠搭配科學的皮膚保養，能夠使皮膚免受損害，進而更加光澤富有彈性。所以，準備好運動時，先要弄清楚運動前後必需的準備工作：

運動前

　　有白天室外運動習慣的女性，要塗抹合適的防曬產品。

　　運動時免不了出汗，臉部殘留的化妝品在汗水作用下容易形成污垢堵塞毛孔。所以運動之前要先卸妝，將臉清洗乾淨。

　　運動時，隨著汗水不斷的流出，再加上皮膚新陳代謝非常旺盛，肌膚很容易缺水。所以運動前最好在臉部塗一層無油保濕霜，可以有效防止肌膚缺水。另外，一些品牌推出的保濕控油產品含有消炎、抗菌的成分，可減少過敏或粉刺現象的發生。

　　脖子或者其他部位的汗毛剃除後，皮膚會變得比較敏感。運動時出汗會刺激這些敏感皮膚，導致皮膚發炎，有刺痛感。所以提醒運動之前不要剃毛。

運動後

　　運動後汗水沾附在皮膚上，皮膚很容易生長粉刺。而且暗瘡在潮濕衣服的摩擦下很容易再冒出來。所以運動後要替換潮濕的衣服。

　　可以的話最好在運動後洗個澡，清洗皮膚上的污垢，保持毛孔暢通。洗澡時最好選用清爽的沐浴乳。而且運動後洗澡，能有效促進血液循環，調節皮脂腺與汗腺功能，使皮膚更光滑。

　　運動後要洗臉，使皮膚獲得水分。洗完臉後做一兩分鐘的按摩，使皮膚恢復原狀。洗臉後不要乾抹臉，以免擦傷皮膚，使真菌侵入生成白斑。

　　每次運動後的護膚十分重要，按照潔膚、爽膚、再潤膚的順序精心護理，才能避免皮膚過早老化。

　　運動後大量出汗，體內水分消耗很大，肌膚處於缺水狀態，所以需要即時補充水分，預防皮膚乾燥。

　　運動後，妳如果急著約會，那就素顏的去赴約，千萬不要立即上妝。因為運動後身體熱度還不能完全降溫，臉部還會流汗，上妝後效果不佳。最好的辦法是，運動後先把臉洗乾淨，塗上一層清爽的保濕產品，讓皮膚充分鎮定。等一個小時後，妳的興奮疲憊期過去後，皮膚才有了充分吸收營養的能力，然後才能全面化妝。

美麗物語

選擇適合自己的運動方式

體質和年齡不同，運動方式也不同，要有選擇性的進行運動鍛鍊。舉個例子來說，手臂力量小的人，要多做伏地挺身和仰臥起坐運動；腿部力量不足，可以進行交互蹲挑的訓練，還可以上下坡快跑。如果大腿太粗，則可選速度慢、距離長的長跑練習；想要使肌肉變得更有彈性，游泳鍛鍊是最佳選擇。

第43計・動一動，肌膚更美麗

　　常言道：「流水不腐，戶樞不蠹。」也就是說，經常運動的東西，不容易生長蛀蟲，不容易受到侵蝕。保養皮膚同樣適用這個道理。

　　身為某大學體育系的教師Jessica堅定的認為，肌膚的健美，化妝品僅僅是輔助用品，長期使用很容易傷害皮膚，甚至造成皮膚對化妝品的依賴。如果皮膚能運動起來，那麼肌膚就能有效發揮自身機能，保持青春光彩。

　　Jessica長期從事運動教學，而且還是電視台美容節目的特約主持人。對於肌膚的運動美容，Jessica算是資深專家了。她有很多壓箱寶的運動美膚好方法，現在就讓我們坐下來，耐心傾聽Jessica給大家一一介紹她的運動美膚妙招吧！

臉部運動美容法

　　這個美容方法適合任何類型的肌膚，一共分為四步，簡單安全。這個方法的原理，主要是透過按摩和拍打使皮膚運動起來，進而改善臉部皮膚的血液循環，增加新陳代謝的機能，達到美麗肌膚的目的：

第一步：用涼水加上少許香皂，將臉部清洗乾淨後擦乾。

第二步：臉部放鬆，雙目輕閉輕輕拍打。具體方法是兩手指部放於臉部下方以每分鐘拍打兩百下的速度，由內往外、由下到上，拍打臉部各個部位。每次持續時間四分鐘到六分鐘。拍打時造成皮膚顫動即可，用力輕，速度快。

第三步：在清洗、拍打之後，下面第三步就是按摩了。雙手中指和無名指，將鼻樑、髮際、眼眶和耳廓，以右手順時針、左手逆時針

　　的方向反覆按摩三分鐘到五分鐘。

第四步：最後一步是潤膚。在經歷了拍打和按摩之後，妳是不是感到臉
　　　　部有熱感，照照鏡子，會看到臉色微紅。此時臉部毛孔全部舒
　　　　張，正是吸收營養的時候。沾取少量營養性護膚霜，輕輕、均
　　　　勻地抹於臉部各處。

口腔運動

　　在介紹了臉部運動美容方法後，Jessica接著給大家介紹了一個簡單易
操作的嘴部小體操：

　　首先是下巴操。

　　閉上嘴巴，盡自己所能向左右最大幅度的移動嘴角和下巴，左右一
次為一組，一共做九組。

　　做完下巴操緊接著是牙操。

　　牙操可以消除、鬆弛雙下巴。

　　嘴巴橫向張開，達到最大幅度後停頓十秒鐘，然後嘴巴恢復原狀，
用力咬緊臼齒，然後放鬆，不用力停頓十秒。以上動作重複八次。

　　最後一步是舌操。舌操可以使下巴與頸部的線條更完美。

　　用手指尖用力壓住下巴之後，舌尖用力向口腔外伸出，然後向左下
方移動，直到口腔內肌肉變硬後，舌頭往右方旋轉。旋轉一圈為一組動
作，一共重複八組。

　　除了上述口腔操外，嚼口香糖、唱歌和吹口哨，同樣能使臉部肌肉
得到鍛鍊，進而美化肌膚。

Jessica曾經結合自己主持的美容節目做過一個調查。經過對十五個女士長達半年的調查顯示，每天咀嚼口香糖在十五分鐘到二十分鐘的女性，四五個星期後，臉部皺紋開始減少，臉色變得更加紅潤。也有醫學專門機構認為，增加咀嚼頻率，進食時細嚼慢嚥，能夠有效活動臉部肌肉，是肌膚美容的竅門之一。

喜歡唱歌的人臉部皮膚相較而言都比較好。唱歌能使得臉部肌肉經常運動，進而改善血液循環，提高肌膚細胞的代謝活動。

還有一種更加簡單的美容方法——吹口哨。和咀嚼口香糖唱歌一樣，吹口哨也能使臉部肌肉充分得到運動，增強臉部美容，脈搏減緩，血壓降低。因而，吹口哨可稱得上是信口就來的美容妙法。

六種運動方式美麗全身皮膚

健步

健步，顧名思義也就是以步行鍛鍊的方式，進而增強體質，促進身體健康。有人把健步稱為人類做好的醫藥，可見這種運動方式具有很大的優點。適度的健步，對晦暗膚色有良好的改變作用，而且能促進人體內的生理時鐘的和諧平衡，使得肌膚紅潤。

游泳

游泳是最好的運動方式之一。在游泳池中，由於池中的水包圍了身體全部，而且水溫和體溫相較要低8度到10度。當人體接觸冷水時，皮膚的毛細血管突然收縮，然後再舒張，皮膚的血流量增大，可達到平時血流量的四倍到六倍。血管這樣一舒一張就像在做體操，對於皮膚的血液

循環有良好的改善作用。

爬樓梯

　　一定強度的爬樓梯運動，會讓自己很快出汗。這樣毛孔中的污垢會隨著汗液排出體外。這種運動可以有效預防痘痘和粉刺，使肌膚更加光滑潤澤。

羽毛球、網球

　　除了走在大街上轉頭看美女或者帥哥之外，頸部的運動量是最少的，因此，因為缺少運動而長時間保持同個姿勢，頸部很容易產生皺

紋。打網球、羽毛球這樣的運動，頸部不由自主的隨著球前後左右轉動，在運動中頸部能得到很好的鍛鍊，就像是做了按摩一般，能夠有效消除頸部皺紋。

瑜伽

在做瑜伽的時候，身體皮膚完全放鬆，十分有利於細胞的生長和自我修復，細胞分裂速度大大加快，要比平時高八倍之多。同時，身體的各部分神經也得到了充分放鬆，全身循環速度加快，十分有利於身體毒素的排出。在所有運動中，瑜伽是排毒效果最好的運動。長久練習瑜伽，能有效保持皮膚水分，防止皮膚乾燥，使皮膚變得水嫩光澤。

仰臥起坐

如果血液循環受阻，那就是說皮膚缺少足夠的氧氣來自我修復，就會出現諸多比如黑眼圈、臉部浮腫等等皮膚問題。解決這一問題的最好運動方式是仰臥起坐。腹肌運動和內臟運動的最好方式就是仰臥起坐。仰臥起坐能加速體液循環，促進新陳代謝。如果妳想有效緩解黑眼圈和臉部浮腫，那麼連續做幾週仰臥起坐就能達到良好效果。

居家運動改善膚質

不會很累，不會因為健身俱樂部的高昂費用忍痛割錢，不用到室外飽受風吹日曬、空氣污染之苦。在妳的私密小空間，床、沙發、廚櫃可以成為支點，床單、盤子、拖把能夠成為道具，從現在開始居家運動，來改善妳的肌膚品質。家庭練功房開課！幾分鐘修練好肌膚！

床上運動

人的一生有三分之一的時間是在床上度過的。床上運動成為居家運動的首選，應該無可厚非哦。讓我們和我們親愛的床一起來運動吧！

鋪床：嘿嘿，別誤解了，這個鋪床可不是叫妳來鋪床疊被，而是一項床上運動的簡稱：上半身俯在床上，雙手蛙式在床上緩慢地划動，盡量伸展上肢。這個動作需要做一分鐘，重複做三十次。運動過程中要進行深呼吸。這個鋪床運動，可以有效鍛鍊肩部和上臂肌膚。

側躺：和床保持二十公分的距離，側立在床邊左右腳交叉，以髖關節為軸，上半身側立前伸，側躺於床面，雙臂貼耳盡量伸展。左右側交換進行。這個動作持續一分鐘，能夠伸展腹外斜肌，產生細腰的效果。

推床：做這個動作之前，首先確定妳的床固定良好，妳的力量絕對無法推動這張床。雙手撐住床沿，雙腿併攏，以髖關節為軸，上下身體成直角，重心向前，雙腿成小弓箭步。左右腿交換進行。

推床式可單獨進行強化練習，每組20～30次，重複2～3組，對下半身肌膚的鍛鍊和線條的完美有很好的作用。

牆邊動作

當然，這項牆邊動作也可以是衣櫃邊動作或者門邊動作。不過妳要確定衣櫃是否堅固穩定，門是否關好不會突然打開。否則，後果不堪設想哦！

這些運動都能夠有效促進全身血液循環，加快新陳代謝，幫助體內毒素排出，只要長期堅持，就能擁有完美膚質。

第44計・隨時隨地，肌膚除皺

　　介紹完運動讓肌膚更美麗之後，在許多女學生的要求下，Jessica又介紹了幾個去除皺紋的小動作。既簡單，又易學，而且佔用時間短，隨時隨地都可以操作。妳不妨試試哦，對去除皺紋很有作用的。

臉部除皺操

　　不經意間，臉部小細紋會在一夜之間生出。如果妳限於某種條件無法到美容院去請專業美容師來按摩去皺的話，那麼來看看下面這款臉部美容操，可以有效去除皺紋，使妳的臉部光潔而且富有彈性。只要每天堅持五、六遍，幾週後妳會發現，妳的皮膚變得很不一樣了哦。

唇部緊膚操：

　　讓妳的嘴唇更加嬌嫩，臉部皮膚柔和緊緻。

　　將嘴唇張開最大，用最誇張的動作噓聲（不必發出聲響）輕唸X和O這兩個字母，如此二十多次。在大聲輕唸這兩個字母時，為了得到更好的效果，最好保持節奏一致：發這兩個字母音的時候，都各保持兩秒鐘或者三秒鐘。

　　這個唇部緊膚操不僅僅鍛鍊唇部，而且還能鍛鍊雙腮、下巴和鼻翼兩側的肌肉。動作的時候，肌肉和腱部都要盡量突出。在做完幾番動作後，如果感覺有點痛，那麼這很正常，因為這套體操對妳已經產生效果了，證明運動對妳有效。

額頭去皺操：

　　去除額頭皺紋，使妳的額頭更加光滑明淨。

　　這個動作好比空手梳頭。把手指放在頭髮的邊緣，順著額際幾束髮綹的方向進行牽引，與令妳的眉毛下垂的引力方向相反。如此反覆十次。

　　在進行額頭去皺操的時候，一定要記住不能皺眉。這套去皺操能有效防止額頭和眼睛周圍的皮膚下垂。

頸部保養操：

　　使妳的頸部更加修長柔軟。

　　這個動作可以拉伸頸部肌肉，防止頸部肌肉鬆弛。把一隻手的手背放在下巴下，手背盡量托起臉部的同時，用力令臉部向下移動。重複10次。如果一隻手的力量不夠，可以雙手一起托住臉部。

第45計・要白皙，肌膚多多吸氧氣

運動教師Jessica的肌膚十分光潔富有彈性。不僅如此，Jessica所在體育系的老師、學生，大多身材勻稱，有令人羨慕的好肌膚。

「我每週要做數次有氧運動，這個習慣是從高中的時候開始的。」Jessica說，「記得我上大學體育系的時候，我們大學的同年齡女生臉部都有不同程度的痘痘和粉刺，而唯獨我沒有。後來我們系裡面的老師說，多做有氧運動壓力就會減少，能夠控制粉刺和痘痘的生長，使得臉部光潔。」

有醫學研究顯示：腎上腺如果分泌過多的雄性激素，就會生成粉刺。有氧運動可以減少人體所分泌的雄性激素，有效控制粉刺出現。

多做有氧運動，不僅能使細胞活動能力大大增加，有效促進皮膚毒素的排除，而且還能有利於膠原蛋白的產生，使皮膚處於最佳生理狀態，去除皺紋防止痘痘或者粉刺的產生。

妳的肌膚是否缺氧

皮膚如果缺氧，會致使皮膚細胞養分嚴重不足，加速黑色素的生成，阻止體內廢物的排出。因此，把皮膚缺氧說成人體的「美麗殺手」，毫不為過。

下面的測試，能夠看出妳的身體肌膚是否缺氧。

1、長期生活在有空調的房間，空調溫度一年四季同個標準。

2、生活在封閉的空間中。在家裡或者辦公室，很少打開門窗透風。走在路上以車代步，因為厭惡外面的喧囂、灰塵，車窗緊閉。

3、少去或者不去健身房。

4、生活在人煙稠密、街道擁擠的環境，成天擠商場、擠公車。

5、本身菸癮很大，或者經常性被迫吸食二手菸。

6、手腳經常處於冰冷狀態。

7、皮膚沒有光澤，甚至呈現出菜黃色。

8、常常感到胸悶氣短，不由自主的長喘氣。

如果妳對上述問題，有三個或者三個以上回答「是」，那麼，妳的肌膚有可能處於缺氧狀態。

如果上面的測試不夠直觀的話，請對照下面的缺氧症狀調查，看看妳符合幾點。臉部缺氧會導致臉色晦暗、容易長痘痘、加劇眼袋的出現；如果全身肌膚缺氧，就會出現下述狀態：

1、手腳四肢，尤其是上臂和小腿很容易脫皮，偶爾有搔癢感。

2、儘管一刻也不放鬆美容產品的使用，但是到夏天後，美白產品好像就起不到作用了。

3、洗完澡之後，感覺全身肌膚緊繃在一起。

4、如果身體某個部位不小心被碰撞，碰撞後留下的青紫，需要很長時間才能消退。

5、肌膚缺少光澤，看起來晦暗，小腿偶有酸痛感，下半身常常出現水腫症狀。

如果妳符合上面的大部分症狀，那就表示妳的身體處於嚴重缺氧狀態。請妳現在開始，多做有氧運動，即時補足身體中的氧分。

有氧運動補充身體氧分

我們首先給大家介紹一下什麼叫做有氧運動。

從字面上解釋，有氧運動就是在有氧代謝的狀態下鍛鍊運動。我們可以透過有氧運動來消耗身體多餘脂肪，進而減肥健身，增加體內細胞和肌膚表面的氧分。

人體內儲存的ATP（我們可以簡單的理解為一種能量單位）能量只能維持15秒。我們以跑步為例，跑完一百公尺後，人體的ATP全部用完，在跑第二個一百公尺時，人體的ATP需要由血糖在無氧狀態下重新合成，所以這個階段的運動不能稱其為有氧運動。以此類推，從八百公尺開始，我們的運動才能稱其為有氧運動。

所以說，輕微的不流汗、不喘息的運動不是有氧運動，也無法達到為身體充氧和鍛鍊的目的。最有價值的運動，是達到一定強度的有氧運動。一定強度的有氧運動可以有效鍛鍊人體各項內臟功能，提高人體耐力和內在潛力，加速新陳代謝，為肌膚儲存有益的氧氣。

按照不同體質和不同狀況，我們大致界定了有氧運動的尺度：

在運動前的熱身十分重要。每次運動前都需要先活動關節韌帶，腰腿部的肌肉，搖擺伸拉四肢，從低強度開始，逐漸過渡到適當運動強度。有效的運動前熱身，能防止身體在運動中受損。

心率

一個60歲的健康運動者在進行有氧運動時，心率跳動如果在每分鐘110次左右，那說明運動強度符合有氧運動的標準。我們可以按照靶心率來規定每個不同年齡層的運動心率。靶心率也就是170減去年齡數值。20歲的小夥子，按照靶心率的計算，也就是170-20=150，每分鐘的心率在150次，運動強度接近有氧運動，如果低於這個數值，說明還沒有達到有

氧運動的鍛鍊標準。

自我感覺

有氧運動的運動量和運動強度，可以透過自我感覺來掌握，也是是否符合有氧運動的重要指標。這些自我感覺的指標是：

輕度呼吸急促

心跳

周身微熱

臉色微紅

出汗

上述指標都表示符合有氧運動的運動強度。

有氧運動要適量，運動超限就會造成過於疲憊。

如感到心慌氣短、心口發堵發熱、頭暈目眩、大汗淋漓、疲憊不堪，都表示運動超限。

面不改色氣不喘，這種狀態則遠遠沒有達到有氧運動的強度，也就無法達到增強體質和耐力的目的，還需要增加運動量。

持續時間

一週需要進行三到五次有氧運動，每有氧運動的鍛鍊時間不應少於二十分鐘，如能延長至一到兩個小時最佳，這需要視個人體質情況而定。次數太少、時間太短都無法達到有氧鍛鍊的目的。

運動後症狀

運動後症狀也是衡量有氧運動強度的參照之一。一般人在運動之後，會出現各種不同的運動後症狀，比如肌肉酸痛、輕度疲倦、渾身略

感不適。正常狀態下，上述症狀會在稍微休息後很快消失。

相反，如果有氧運動過後，身體過度疲倦，全身不適，肌肉疼痛，並且休息一兩天內上述症狀無法消退，那就說明妳的運動強度過高，不符合有氧運動的強度，下次鍛鍊時需要減少運動強度。

循序漸進

不僅僅是有氧運動，循序漸進適合所有運動。運動強度由低到高，運動時間由短到長，運動次數由少到多。體質較好的人也需要遵循這個原則，不能急於求成；體質較差的人，或者年齡較大的人，在進行有氧鍛鍊之前最好到醫院體檢，或者由健康教練開出適合自身的有氧運動功能表，依照功能表進行鍛鍊。

選擇適合自身的有氧運動方式

有氧運動的種類很多。選擇適合自身的有氧運動方式，可以有效增加細胞和肌膚的氧分，預防痘痘和增強肌膚的健美。

有氧運動的方式有：

走路：比平時走路快，比跑步慢。最好堅持三十分鐘以上。

騎車：這項運動要根據自身體質控制好車速。以每小時十公里到十五公里為宜。

爬山：如果沒有條件爬山，爬樓梯也是一項不錯的選擇。

打球：排球、籃球、羽毛球，一定要找好搭檔哦！最好找異性搭檔，男女搭配、鍛鍊不累嘛！

慢跑：每天持續二十分鐘到四十分鐘為宜。跑步前腳掌先著地，過渡到全腳掌著地。跑步時應保持有節奏的呼吸，開始時鼻子吸氣，口呼氣。逐漸過渡到口鼻同時呼吸。為擴大肺活量，應用腹部呼吸

法。（吸氣時，腹部隆起，呼氣時，腹部凹下。）

跳舞：跳舞機是一個不錯選擇哦！既能居家，又能面對電視螢幕不感到
單調。

游泳：初練者可以先連續游三分鐘，然後休息一至二分鐘，再游兩次，
每次也是三分鐘。如果不費很大力氣便完成，就可以進入到第二
階段：不間斷地均速地游十分鐘，中間休息三分鐘，一共進行三
組。如果仍然感到很輕鬆，就可以開始每次游二十分鐘……，直
到增加到每次游三十分鐘為止。如果妳感覺強度增加的速度太
快，可以按照妳能夠接受的進度進行。另外，游泳消耗的體力比
較大，最好隔一天一次，給身體一個恢復的時間。

除此之外，還有划船、滑冰和滑雪等。

上述運動可以自我調節運動強度和運動時間，是應用範圍比較廣，
操作比較簡單的有氧運動方式。

吸、浴、食三大補氧妙方

吸氧

深呼吸能讓血液中的氧
分得到良好補充，進而使肌
膚獲得足夠的氧分。將呼吸
時間延長一倍做深呼吸，深
深吸氣、慢慢呼氣。每天早
晨起床前和入睡前，平躺做
十五分鐘的深呼吸。鼻子吸
氣、嘴部呼氣，吸氣要吸到

肚子容不下為止。如果能到天然森林裡補氧，效果更好。

氧浴

製氧機可以在各大商場買到。用製氧機將氧氣輸進洗澡水中，這樣的有氧沐浴可以為肌膚補充很好的氧分。

食氧

白蘿蔔、芝麻、燕窩和柚子，具有很好的潤肺通氣作用。除此之外，還有銀耳、梨子、蓮藕、蜂蜜和紅棗，都能使肌膚獲取更多氧分。

美麗物語

讓肌膚呼吸更多的新鮮空氣

髒空氣是氧氣殺手。尤其是在大城市，由於工業污染和汽車排放廢氣，致使空氣品質變差，氧氣減少。所以，生活在大城市中的人，如果有機會可進行郊外活動，多多呼吸新鮮空氣。

生存壓力過大會導致用腦增加，進而消耗人體內過多的氧氣。大腦用去了血液中的氧，那麼皮膚可用的氧氣就會相對減少。所以，盡量減少焦慮和神經質，減少用腦量，也是補充肌膚氧氣的好方法。

除此之外，熬夜失眠和不運動，以及過量高熱量的食用速食，都會消耗人體氧分。所以，要保持肌膚氧分，就要擺脫不太好的生活飲食習慣。

第46計・游泳雖好，皮膚保養不可少

本學期，Jessica要給系上的學生上游泳課。與此同時，她所主持的電視美容節目，也在做一期游泳前後的皮膚保養專題。結合自己的課程和電視節目，Jessica給學生們好好上了一堂游泳護膚課。

「游泳時皮膚的保養，要根據具體情況制訂具體的保養策略。室內游泳和室外游泳以及海濱游泳，對於皮膚的保養策略各有不同。」Jessica說。

在室內游泳：室內游泳前要先卸妝，用適合自己皮膚的清潔劑洗淨臉部污垢，避免臉上殘留的化妝品和污垢堵塞臉部毛孔。然後擦上收斂水和日霜。

「現在，我們學校的游泳館新增設了洗澡間。」Jessica說，游泳後最好洗個溫水澡，清潔臉部後再塗抹護膚品，但是洗澡時間不要太長。

在海濱游泳：如果在海濱游泳的話，防曬十分重要。在游泳前半個小時塗上防曬霜或者防曬油。為防止含有鹽分的海水浸傷頭髮，游泳的時候最好戴上泳帽。

在日光強烈的海濱浴場游泳曬太陽後，皮膚會感到灼熱疼痛。這是因為海水中的鹽分滲入皮膚，所以無論感到皮膚多麼疼痛，都要用清水將皮膚清洗乾淨。否則，海水的鹽分會吸收皮膚的水分，使肌膚變得粗糙。

洗澡用水：冷水最好，避免使用熱水

海濱沐浴後如果皮膚輕微曬傷，可使用較滋潤的晚霜或護膚膏塗在痛處；曬傷嚴重起水泡，則需即時治療，避免發生感染。曬後脫皮，千

萬不要用手撕，要讓表皮自然脫落。強行撕扯死皮，會讓嬌嫩皮膚暴露在陽光之下，反倒容易二次曬傷，還容易形成黑斑。

游泳前後對皮膚及頭髮的保養

「室外游泳，首先考慮防曬。」Jessica說。美容護理不要過於相信廣告，要根據實際經驗和科學方法。

「防曬產品要用防曬油，不要用防曬乳液。」Jessica說，儘管有些廣告上大談某些防曬乳液具有防水功能，但是還是要慎重使用，以免游泳時脫落，起不到防曬效果。

之所以推薦防曬油，是因為油不溶於水，可以持續更長時間。如果沒有防曬油，Jessica建議妳可以準備一點風油精。風油精儘管沒有防曬品的防曬功能強大，但聊勝於無，而且還能防止蚊蟲，預防中暑。

「除了防曬油，室外游泳尤其是海濱游泳，第二件必需品就是透氣性非常好的薄透大汗衫。」Jessica說，如果長時間室外活動，游泳上岸之後即可套上大汗衫，既能夠保持妳不受涼又可以防曬。汗衫一定要薄透，要是太厚容易弄濕，弄濕後不容易乾透，第二次就不願意穿了。薄透的汗衫，即便弄濕也容易馬上乾透。

「一頂寬沿的大帽子，既能防曬，又能保護頭髮，一舉兩得。」Jessica接著說，沒有經過防紫外線處理的墨鏡，是阻擋不住紫外線的照射的。一頂寬邊帽子則可以有效抵擋太陽的曝曬。去室外游泳之前不妨帶一條大浴巾，可以擦乾身體，也可以鋪在沙灘上閉目養神，用途不小哦。

游泳前護理

「下水游泳後，臉部彩妝會融化分解。這時候身體的毛孔因為在水中的運動而全部打開，彩妝中的含鉛物質會滲入到皮膚中去，哇，想想

那是多麼可怕的狀況吧。」Jessica表情誇張，看來，游泳之前要完全卸妝，是每個人都不應該忘記的基本守則。

「卸妝完畢後要淋浴全身，之後再穿泳裝。」Jessica介紹說，淋浴全身後，水可以在身體表面形成一定的保護層，可以有效抵禦游泳池中的氯污染肌膚。

假如妳想時刻保持飄逸美麗的頭髮，那麼就要在游泳之前塗抹一層護髮素，一次不要塗抹太多。護髮素的品質要好，不要吝嗇錢袋。因為差的護髮素反倒會傷害頭髮。塗抹完護髮素之後要戴上泳帽。游泳完畢之後洗頭，妳會發現頭髮滋潤亮澤，那是因為吸足了水分的緣故。

游泳後護理

如果在游泳池中游泳，那麼游泳後的洗澡就顯得十分重要了。儘管游泳池中的水看起來清澈透亮，但是裡面因為有不同膚質的人在游泳，那些看不見的細菌和病菌一定不少，會時刻污染妳的皮膚哦！所以游泳後洗澡，就是要即時將那些病菌清洗掉，保持皮膚清潔不受損害。洗澡的時候要用沐浴乳和香皂，以便徹底將衣服在皮膚上的細菌和水垢清洗乾淨。

美麗物語

游泳前的護理，一定要用自備化妝品。臨時在游泳場所購買護理品，很難有足夠自由的選擇，產品品質也不容易保證。再者，匆忙購買的護理品，不一定適合妳的皮膚，這一點十分重要。

游泳後一定要先洗澡後再蒸桑拿，以免游泳池內的細菌滲入肌膚內部。

穿完衣服後的護理

　　游完泳後，如果濕潤的頭髮暴露在烈日下、空氣中、涼風裡，髮質都很容易受損的。如果是早春或冬天，更要注意游泳後的頭髮護理。游泳後的頭髮最好用暖風吹乾，或者戴上一頂帽子。

　　游泳後，全身毛孔處於張開狀態，這時候不要馬上化妝，以免堵塞毛孔，最好一個小時後再化妝。如果急著外出，可以先在臉部塗抹一層

柔膚水。如果條件不方便，也可用純淨的水抹在臉上，同樣可以起到防護效果。

美麗物語

游泳後耳道的防護也很重要，可以用棉花棒沾柔膚液輕擦耳道。如果耳朵進水，用棉花棒無法沾乾，千萬不要大力摳。可以側身歪頭起跳震動，把耳朵中的水甩出來，方法是把頭歪到進水的一側，然後抬起另一側的腳，用進水一側的腳單腳跳，把水甩出來。

回家後的護理

游泳後回家，要注意眼部的護理，可以點眼藥水或者用眼部護理液洗眼。眼藥水要用殺菌消炎類的。還要認真洗腳，避免沾染腳氣。

游泳前注意選擇館內水質

認真選擇游泳館，其實就是選擇游泳館內的水質。一些游泳館為了節省成本開支，在夏季換水並不頻繁。為了保持水質清潔，不免要使用大量氯以及漂白水來改善水質。上述物質含量過多，會對人的皮膚產生傷害。小敏游泳後皮膚過敏，就是這個原因。另外，一些人為的因素，比如汗液、鼻涕甚至小便等，都會污染游泳池內的水質。

因此在這裡提醒大家，在選擇游泳館的時候，一定要選擇循環頻率高、換水次數多的游泳館。

第七章

特殊皮膚護理方法

風沙天氣、熬夜、大姨媽做客的期間、人
體生理時鐘的不同階段——妳知道如何在
上述的特殊時期進行肌膚護理嗎？本章所
介紹的，就是讓妳在特殊時期對特殊的肌
膚狀況進行有效的護理。

第47計・風沙天氣的護膚秘方

在遙遠的北方，很多人都被沙塵暴天氣困擾，乾燥、風沙、狂風，這些都是皮膚的天敵，它們一點一點的吸走皮膚中的水分，讓原本彈性柔嫩的肌膚變得暗淡、粗糙。而在南方，儘管天氣大多溫潤潮濕，但也免不了會有幾天風沙漫天的時候，在這種特殊的天氣，對待肌膚可不能如同往常一樣了，想知道如何與風沙搏鬥，維護妳的健康肌膚嗎？容我為妳開講：

合理潔面 風沙天氣護膚的基礎

乾燥的風沙天氣，會使那些容易長痘痘和生雀斑的皮膚，問題更加嚴重。在乾燥的風沙天氣中，空氣中的粉塵很容易被彩妝吸附在皮膚表面，堵塞毛孔，使肌膚不能自由呼吸。如果不即時徹底清潔，會影響肌膚對化妝品營養的吸收，使得角質變粗變厚，形成粉刺和脂肪粒，影響皮膚美觀。因此，在乾燥的風沙天氣，合理的清潔肌膚是保持肌膚美白細膩的關鍵步驟。

油性皮膚的潔面方法

對油性皮膚的女性來說，冷開水是清潔洗臉的最好方法。20℃到25℃的冷開水，能有效清洗滋潤肌膚，去除肌膚表面的油膩，進而使得肌膚細膩光澤，更加紅潤健康。

較乾皮膚的潔面方法

皮膚較乾的女性，可以用蒸汽來清潔臉部。具體方法是先將臉部用正常方法洗淨，然後將開水倒入臉盆中，臉部距臉盆5公分左右保持十分鐘，然後再用40度左右的水洗臉，用冷水浸濕的毛巾擦幾遍。蒸汽可令

皮膚毛孔舒張，補充肌膚水分，清除毛孔裡面的污垢，使乾燥粗糙的肌膚變得溫潤細嫩。

　　一般情況下，每天可以對臉部清潔兩次，選用一些質地柔和的潔面乳幫助清潔，習慣化妝的朋友可以藉助冷霜、卸妝乳液、化妝棉等先行清除殘妝後再潔面，清潔一定要仔細，保養皮膚才能達到事半功倍的效果。每週定期到美容院去角質，徹底清潔皮膚。

護膚多從保濕下手

善用保濕面膜

　　乾燥的風沙天氣，保持肌膚水分最重要。每次清洗臉部肌膚之後，給肌膚補水，保持肌膚的濕潤，是風沙天氣護膚的又一重要環節。所以，在選擇護膚品的時候，清爽保濕的護膚品是首選。

　　優質的保濕面膜裡面的保濕成分，能有效補充肌膚水分，深層滋潤角質層，是乾燥風沙天氣必備的美容護膚用品。保濕面膜一週使用兩次為好，頻繁使用會對肌膚造成損害。

良好的生活習慣

　　女性肌膚想要對抗風沙天氣，除了外在的美容之外，內在調理也十分重要。

　　多喝水能增加體內水分，有效抵制乾燥天氣所導致的肌膚乾燥。此外，保持良好的飲食習慣，葷腥搭配營養均衡，少吃辛辣刺激的食品。適量運動，保持良好睡眠，都能促使肌膚的美白健康。

　　基本上，所有的女孩子都知道熬夜對皮膚的巨大傷害，能夠避免就要盡量避免。然而，很多美眉的工作性質又決定了其工作時間的晨昏顛倒，還有很多時候，突如其來的加班和趕工都需要熬夜，不論是長時間的晝夜交替，還是斷斷續續、偶然的幾次加班工作，對皮膚都有著難以挽救的傷害，很多年輕健康的美眉因此弄得皮膚鬆弛、暗沉無光。如果妳不得不熬夜的時候，該如何讓它對妳皮膚的傷害減到最低呢？

　　或許妳不得不在夜間進行工作，或許妳要參加朋友在夜間舉行的派對，或者妳習慣了夜間上網玩遊戲等等。但不管怎麼說，對女性而言，熬夜對人體肌膚健康有害。想要肌膚不留痕，就看看我們提供的對付熬夜的護膚妙方吧！

一、熬夜之前先補水

　　熬夜會消耗人體大量水分，令肌膚變得乾燥出現細紋。所以對肌膚的補水保濕，是熬夜前的必備工作。

第一，將臉部徹底清潔後，貼上一層保濕美白面膜，能令肌膚迅速恢復到最佳狀態。

第二，臉部塗抹一層補水和修復雙重作用的精華素，也能為肌膚有效補充水分。

第三，使用保濕效果良好的乳液，將肌膚內的水分牢牢鎖住，有效對抗皮膚乾燥。

第四，在熬夜時使用隔離霜，可以減少周圍因素對肌膚的傷害。

二、睡前晚餐很重要

熬夜會消耗人體大量能量，所以肌膚要有足夠的營養來對抗夜間消耗。富含維生素C和膠原蛋白的晚餐，能補充皮膚因睡眠不足而導致的水分和養分的流失，並且有利於恢復肌膚的彈性和光澤。

水果和動物肉皮，都是晚餐食材的最佳選擇。口服一兩片維生素C片，效果也很好。

辛辣食品和海鮮品，會刺激腸胃導致皮膚過敏，而且還會使皮膚水分蒸發。所以熬夜時的晚餐，要盡量少吃上述兩類食品；酒精飲料也會妨礙皮膚水分的吸收，盡量少喝。

三、熬夜中的保養

補水和保濕效果的噴霧，便於攜帶使用，是熬夜時的美容佳品。感覺皮膚乾燥時，可用保濕噴霧給皮膚補水；眼藥水也是熬夜必備品，能緩解眼部乾澀，消除眼睛中的紅血絲。另外，熬夜時，一段時間後要進行肢體活動，對肌膚也有好處。

四、熬夜後的修護

熬夜後不要急於上床睡覺，這樣做對身體皮膚有害無益。可以的話要先洗個熱水澡，在洗澡水裡面放入適量精油，可以使身體消除疲乏，起到舒緩肌膚的作用；熬夜之後皮膚油脂分泌較多，一定要徹底清潔皮膚，避免痘痘趁虛而入。做完上述幾項後，別忘了塗抹一層滋養保濕面

膜，乳霜式的免洗臉膜最佳。

然後，妳就可以放心睡覺了。第二天，妳會驚喜的發現，妳的氣色依然不錯哦。

還要記得的是，熬夜時無論多累，也不要中途上床睡覺。因為睡一段時間，妳還得強迫自己重新從床上爬起。就像機器突然關掉打開一樣，對身體肌膚非常不好。一定要等事情完全做完後再輕鬆放心休息。

熬夜時，大腦以及皮膚需氧量會增大，多做深呼吸有助於攝取氧氣。

熬夜早起後，喝一杯枸杞茶有助於皮膚滋潤，還能補氣養血。

美麗物語

蒸氣法對抗熬夜後的蒼白臉色

熬夜之後，如果妳的臉色呈現出不健康的蒼白色，那極有可能是妳臉部肌膚的新陳代謝惡化。清潔臉部之後塗抹一層營養面霜，將開水倒進臉盆，俯下身臉部距離盆內熱水大約十幾公分，用熱水的水蒸氣來刺激臉部肌膚，能有效改善臉部肌膚的新陳代謝，改善蒼白臉色。為防止水蒸氣外溢，頭部披一塊塑膠布為佳。

第49計・特殊日子，「特殊待遇」

　　每個月總有那麼幾天，是女性的特殊時期。在每月幾天的特殊時期，因為體內激素變化和失血，許多女性的肌膚變得發黑發暗，而且還有黑眼圈，嚴重的還會出現暗瘡。

　　女性特殊時期的花容失色，讓不少人感到苦惱。其實，只要掌握了經期的合理美容護膚方法，妳照樣能做一個本色的靚女人。

一、 經期前一週的護理方法

　　女性特殊時期，需要對肌膚進行特殊的保養。在月經來的前兩週，由於皮膚分泌比其他時期旺盛，很容易堵塞毛孔。如果不注意清潔，會導致月經期間暗瘡的產生。建議使用柔和滋潤的潔面產品進行臉部清潔，清潔後要補足爽膚水，對皮膚進行充分滋潤。

　　對油性皮膚的人而言，經期前對痘痘皮膚的護理十分重要。經前一週時間，女性的皮脂分泌會十分旺盛。即便平時肌膚乾爽的人，也會變得黏糊油膩。所以，油性皮膚的女性，經前護理的重點是預防痘痘和控制過多的油脂。

1、要做適量的皮脂調理，保持皮脂和水分的均衡。

2、油性肌膚的女性要使用油性肌膚潔面品。

3、洗臉後要注意完全清潔臉部油分。

4、眼部肌膚比較敏感，避免過度清潔。

　　做一些適度按摩。女性在月經期間，經常有疲勞感，可以用一些適度的按摩來消除疲勞。眼部是臉部一個最重要的保養部位，女性經期要

消除眼部疲勞，減輕黑眼圈，可以按照如下方法護理：每晚在眼睛周圍塗抹冷霜然後進行眼部按摩，中指指肚在眼睛周圍輕輕畫圈，然後輕輕叩擊眼眶，輕按眼眶上部的穴位。按摩完畢之後將冷霜清洗乾淨即可。

女性在經期眼睛容易浮腫。可以用兩塊化妝棉用茶水浸濕，敷在眼部十分鐘後取下。可以有效消除經期的眼部浮腫。

經期女性的化妝要與平日有所不同，才會容光煥發、明豔亮麗。應選用略帶粉紅色的滋潤性粉底消除臉部的灰暗感；在下眼瞼處塗上遮瑕膏，以遮蓋黑眼圈；在上眼瞼塗一層淡淡的棕色眼影，以減輕浮腫的感覺，然後選擇與服裝同色系但鮮豔一些的顏色，塗在眉骨下，以增強眼部的立體感；唇膏的色澤要選擇鮮豔的，再塗上一層亮光油；腮紅的顏色要與口紅、眼影及服裝互相協調一致。

為了避免臉色發暗和皮膚變得粗糙，女性在經期應保持充分的睡眠，這是經期美容的關鍵。

二、生理期中肌膚護理法

女性生理期之前，皮膚皮脂分泌增多，生理期開始時，皮膚卻又變得乾燥。所以，女性生理期間的美容護理重點，是保持皮膚充足的水分，同時要選擇合適正確的護膚產品，以便保持皮膚正常的新陳代謝，增強肌膚自身的美白能力。

1、這一時期女性的肌膚會變得比較敏感，最好選用無刺激性的護膚品，避免過多使用化妝品。

2、為使肌膚有充足水分，建議使用保濕型美容產品。同時，為了使肌膚獲取更多水分，建議每天兩到三次用清水清潔皮膚。

3、合適的按摩來提高肌膚的新陳代謝。

4、進行適度SPA，以緩解壓力、放鬆身心，保持良好心情，保持睡眠充足。

5、經期注意營養均衡，多喝水，多吃南瓜、茄子、開心果等促進血液循環的食品。多吃富含維生素E的食品，改善皮膚乾燥狀況。

三、生理期後肌膚護理法

女性月經後期，肌膚達到最好狀態。這個時期，皮脂分泌減少，肌膚含水量卻十分充足，肌膚的自我美容和自我抵抗力都很強。這個時期的護理重點是：

1、開始角質的調理。

2、徹底清理皮脂和毛孔。建議使用一些改善油脂分泌的保養品，以便有效控制粉刺的生成。

3、採取預防痘痘的措施。

4、這是嘗試使用新的化妝品的最佳時機。在使用之前要做好皮膚測試，以便準確挑選適合妳肌膚的新化妝品。

5、這個時期肌膚對抗紫外線的能力比較弱，要適當選用防曬產品。

美麗物語

女性特殊時期的皮膚護理要從小處著手。上班時準備一些散發清新味道的佛手柑，能提升精神，令妳保持活潑開朗的心情。經期容易心情煩躁，要學會自我調節，或者用馬喬蓮調節，能有效安撫神經，調整心率。在密閉人多的地方，用桉樹精油來調節呼吸系統，使妳的心情更加舒暢。

第50計・準媽媽的肌膚護理

　　最近一段時間，Gigi備受家人愛護，因為她很快就要當媽媽了。Gigi的閨中密友們都開始為寶寶的出生做準備，什麼奶粉的牌子呀、搖籃的樣式呀等等，把未來乾媽的特性發揮得淋漓盡致。不過，這群愛美的小女人也沒忘記她們一貫的功課——皮膚護理，對Gigi這個準媽媽來說，究竟該怎麼樣做皮膚護理，又要讓小寶寶健康，又要讓媽媽美麗，可真不是一件容易的事。於是，姐妹們特地充分瞭解了相關知識，諮詢了美容專業人士之後，幾個大姐、小妹，開始給Gigi上起了孕期美容課。

　　導語：雖然孕期準媽媽的膚質不會發生大的改變，但體內激素的變化和身體狀況的改變，使肌膚面臨新的考驗，怎樣做才能夠幫助肌膚順利度過孕期呢？

　　「懷孕期間，女性的肌膚和平時沒有太大差別，膚質不會發生太大變化。所以，孕期護理不要太過小心。」已經生過寶寶的Mandy開篇一句話，打消了Gigi的顧慮。

　　Mandy告訴Gigi，在懷孕期間，需要注意的是皮膚變得敏感，同時為了寶寶和自身的健康，一些化妝品比如彩妝和脫毛產品避免使用，要盡量使用一些天然無刺激的產品。

　　「在懷孕期間，由於孕婦體內激素變化，容易出現皮膚過敏和色素沉澱的現象，這些都不必擔心。」 Mandy告訴Gigi，對於孕期的一些現象，都有相對的方法。

乾燥

　　皮膚乾燥問題並非孕婦所獨有。但是如果妳平時皮膚濕潤，在懷孕期間肌膚變得乾燥，那麼，有可能是由於孕期激素分泌變化所引起的。

　　對待這種孕期的皮膚乾燥，可以用一些安全無刺激的天然保濕護膚品。沐浴後注意使用保濕霜或者潤體霜來鎖住肌膚水分。

　　所有保濕產品的選擇，都要把安全無刺激放在首位。畢竟孕期是特殊時期嘛！

疙瘩、濕疹

　　女性孕期內肌膚分泌平衡打亂後，很容易出現疙瘩和濕疹。

　　出現濕疹和疙瘩時，要特別注意肌膚的徹底清潔。晚上卸妝要徹底，晨起洗臉要深層清潔。要選用清爽沒有油脂的洗臉乳。如果濕疹和疙瘩症狀嚴重，要去皮膚科諮詢醫生。

色素沉澱

　　女性孕期很容易導致色素沉澱，形成色斑和雀斑。這些色素一般集中在眼部下方、乳頭、肚子和腋下等部位。

　　為了減少黑色素沉澱，孕婦要攝取足量的維生素C；同時也要注意防曬。在懷孕期間，孕婦不要塗抹過多的防曬產品，以免刺激肌膚。可以用遮陽傘或者寬邊帽子、長袖衫等措施來防禦紫外線。

搔癢、損傷

　　女性在懷孕期間很容易導致皮膚敏感，所以容易出現搔癢和皮膚損傷，這種症狀在懷孕後期也許會加重。一般性的搔癢屬於孕期的正常現象，但如果搔癢情況嚴重，並且在手腳部位出現濕疹，那很有可能是妊娠性膽汁淤積症。出現這種情況最好堅持忍耐不要撓抓。如果抓破裡面

的汁液流出，會污染其他肌膚，導致肌膚惡化。因此孕期搔癢要用藥膏塗抹患處來抑制發炎。選用藥膏需要諮詢醫生。

妊娠紋

十分之四的孕婦，在懷孕期間容易產生妊娠紋。妊娠紋主要集中在臀部、大腿、乳房和肚子等脂肪堆積的部位。妊娠紋一旦出現就不容易消失。所以對於妊娠紋的預防十分重要。

預防妊娠紋的有效方法是控制皮下脂肪的增加，控制體重的增長。要注意脂肪較多部位的按摩。女性孕期肚子隆起時，要多塗抹一些潤膚露或者妊娠霜。

過敏

女性孕期，由於身體激素變化，皮膚容易出現過敏性皮炎。一旦出現這種症狀，一定要經過醫生診斷後再用藥。擅自用藥容易導致對胎兒不利。

孕期任何外用藥和內服藥，一定要看清楚說明或者遵照醫囑。如果自己不清楚的，一定要諮詢醫生，以免對胎兒造成影響。

美麗物語

孕期沐浴時，避免用刷子或者尼龍毛巾來擦拭身體，用棉布或者海綿擦拭身體是最佳方式。對於肥皂和護膚品，要選用無刺激性適合各類膚質的產品。

女性懷孕期間要注意洗澡水的溫度。水溫過高會導致身體搔癢。所以孕期的洗澡用水溫度要比平時低一些，略高於體溫即可。

第51計・掌握生理時鐘，護膚有訣竅

　　包括人類在內的所有生物，體內都有一個「生理時鐘」。人體的器官，按照體內的生理時鐘，自然而又有規律的作息變化。皮膚做為人體的器官之一，也遵循著生理時鐘的作息時間，按照不同的生理時間變化而變化。研究發現，當人體處於夜間睡眠狀態的時候，皮膚器官的新陳代謝最為活躍，細胞的生長和修復也最為旺盛。所以，按照人體生理時鐘的作息時間來護膚美容，能達到最好的護膚美容效果。

上午時段（6：00～12：00）

　　這是皮膚機能和活力漸進達到高峰的時段，抵禦和承受外界的刺激能力逐漸提高。這個時段做皮膚護理，最好不過了。

6：00～7：00

　　這個時段是腎上腺皮質激素分泌的高峰期，它對蛋白質合成有抑制作用。所以這個時段，人體細胞處於再生活動的最低點。人體內的水分

大量匯聚在細胞內，淋巴循環因此變得緩慢，可能引起部分人的眼皮腫脹。這個時段的護理重點，是要防止人體水分的流失，以便增強皮膚對於日曬、灰塵等的承受能力。因此，富含維生素A、C、E的化妝品，以及對抗紫外線、

有效鎖住水分的保養品，是這個時段的最佳選擇。這些保養品能增強眼睛肌膚的循環，消除眼部毒素，有效防止眼袋的生成。

8：00～12：00

　　這個時段，是皮膚承受能力的最佳時段，皮膚的抵抗能力和皮脂腺分泌處於最好狀態。在這個時段，最利於角質、斑點和肌膚毛髮的去除，也是治療皮膚暗瘡、黑頭粉刺的最佳時段。

　　這個時段也是小腸排毒的最佳時段，肌膚運作能力最高，需要多喝水、多保濕。

下午時段（12：00～18：00）

　　經過了一上午的活動，午飯後人體感到疲倦。皮膚中的血液量減少，血液循環速度減慢。所以，人體肌膚在這個時段，不能有效吸收護膚品中所含的營養物質。所以這個時候的皮膚比較適宜休息。如果確實需要護理，可根據情況酌情而定。

13：00～15：00

　　這個時段，最好能抽出時間來休息，讓臉部肌肉徹底放鬆。此刻皮膚對於化妝品營養的吸收能力最低，如果使用一些精華素和保濕水，能讓皮膚更具有活力。吃一些含有膠原蛋白的食品，或者喝一杯下午茶，都對皮膚有良好的保養作用。

16：00～18：00

　　這個時段，人體微循環增強，氧氣在血液中的含量增加。這個時段人體的痛感降低，最適宜到美容院進行護膚美容。

　　這時候人體比較虛弱，可以多吃水果來補充人體糖分，喝杯放糖塊的花茶，也是一種補充人體糖分的好方法。

晚間時段 （19：00～23：00）

19：00～20：00

這個時段，皮膚對外界的刺激和抵抗力下降，免疫能力降低。因此，這個時段不適合做皮膚護理，適當做一下臉部清潔護理即可。做一個全身按摩或者蒸氣浴，能讓皮膚得到很好的運動和休息。

這時候可以到美容院美容，做健身操也是一種不錯的運動。飯後半個小時的散步，也可以緩解一天的疲倦。

20：00～23：00

這個時段皮膚很容易出現過敏反應，血壓降低，皮膚中的微血管的抵抗能力降至最低，比較忌諱美容護理。所以這個時段，適合做淡淡的晚霜護理和輕微按摩。

按照人體生理時鐘的時間，肝臟在晚上八點開始排毒工作，而免疫系統和淋巴的排毒工作，則從晚上九點開始。如果排毒工作在人體睡眠狀態下進行，那是再好不過的了。

晚上十一點前，是皮膚護理的最佳時段，此刻細胞活動旺盛，保養品最容易被皮膚吸收。

夜間時段 （23：00～次日凌晨5點）

這是人體細胞分裂速度最快的時段，因此，肌膚對於護膚品的營養，有著超強的吸收能力。睡前使用保濕劑和滋潤晚霜，可以達到皮膚保養修復的最佳效果。如果想使皮膚保持濕潤，可以用室內加濕器來增加空氣水分。每天睡前清潔臉部是一個好習慣，但是不要每晚都用磨砂型清潔劑，以免損傷皮膚。睡前眼角、眼周皮膚塗抹一層維生素E或眼霜可以有效抵抗皺紋的產生。

　　從凌晨四點開始,人體腎上腺皮質素分泌達到高峰。凌晨五點到早上七點,是大腸排毒時間,喝一兩杯冷開水,加速便意,有利於人體廢物毒素的有效排除。

　　凌晨三點到凌晨五點,是肺部排毒的工作時間。這個時段熬夜,對人體的損害是最大的。

第52計・攻克三大肌膚瑕疵

　　女人最大的財富之一，是擁有溫潤潔白的美麗肌膚。可是黃褐斑、雀斑和乾性脂溢性皮炎的出現，卻給女性的肌膚美麗帶來了沉痛的打擊，對這危害女性美麗的三種皮膚瑕疵，我們無疑要痛下殺手、堅決根治。

黃褐斑

　　黃褐斑的另一個名稱又叫蝴蝶斑，是女性常見的皮膚斑點。懷孕兩個月到五個月的女性最容易出現這種斑點。下面方法可以有效對抗黃褐斑：

1. 多吃富含維生素C、維生素E的食品和藥物。女性孕期出現黃褐斑，最好多吃新鮮蔬果，產前產後按照每日一克的量，服用維生素C，可以有效抑制色素的沉澱。也可以做臉部輕柔按摩。

2. 注意皮膚防曬，在陽光不太強烈的初春和冬季也不要忽視防曬霜的使用。女性臉部的黃褐斑，會在夏季日曬後顏色變身。所以尤其在夏季，更要選擇適合自身的防曬用品。

3. 富含維生素C、E的保養品，可以有效抑制黃褐斑的形成。

4. 口服避孕藥容易導致女性在一到二十個月後出現黃褐斑。口服避孕藥引發的黃褐斑機率，高達20%或更多，所以最好選擇激素含量小的口服避孕藥。在服藥期間特別注意防曬，停用避孕藥後，部分女性的黃褐斑可以逐漸消退。

美麗物語

　　有些黃褐斑的產生，是由於內分泌失調引起的。一些慢性婦科疾病、不孕症、痛經以及月經失調等，都容易引起內分泌失調，導致黃褐斑的產生。同時，酗酒或者肝病會導致肝臟功能受損，女性體內的孕激素和雌激素水準受到影響，也會引起黃褐斑的生成。所以建議有黃褐斑的女性到醫院檢查，看是否患有內臟疾病或者婦科病，以便對症下藥。

雀斑

　　雀斑偏愛皮膚白皙的女性，所以皮膚白皙的人容易長雀斑。雀斑形成的主要原因是日曬過度，同時雀斑的生成也有遺傳因素。對抗雀斑的策略如下：

1.對抗日曬是預防雀斑的根本。

2.家人如果有雀斑，就要格外注意提早預防，因為雀斑極有可能遺傳。

3.謹慎使用雀斑手術。做為去除雀斑的有效方法——紅寶石鐳射去除療法，會導致部分治療者留下輕微痕跡。如果想採用這種方法的女性，要向正規醫院的皮膚科專家諮詢。鐳射治療後一般不會再生成新褐斑，但如果忽視防曬防護，其他部位有可能長出雀斑。

4.幾種治療雀斑的小妙方：

將白朮在米醋（白醋）中浸泡七天，然後用醋塗抹有雀斑的臉部。天天塗抹，日久可以去除雀斑。

白附子100克，白薇、白芷、密陀僧、赤茯苓、胡粉各50克。研成粉末後用牛奶調勻，睡前塗於患處。如上述量過大，可以酌情減半，經常

使用可去除雀斑。

　　杏仁25克搗爛後，與適量蛋清調勻，每晚睡前塗抹患處，第二天早起
用白酒清洗，常用可以去除雀斑。

5.治療雀斑的飲食療法

　　話梅捲心菜。捲心菜100克，蘇式話梅10個。話梅洗淨去核，捲心菜洗
淨切碎然後和話梅肉一起炒。常吃有減輕、去除和預防雀斑的妙用。
因為捲心菜中的維生素E對人體內脂褐素的過氧化有很強的抑制作用，
對於脂褐素在皮膚上的沉積有很好的對抗作用。

新鮮胡蘿蔔榨汁。早晚用胡蘿蔔汁塗抹臉部，乾後洗淨。或者每天飲用胡蘿蔔汁，都可對抗雀斑的生成。

檸檬汁加適量冰糖飲用。檸檬中的大量維生素以及鐵、磷、鈣等，能有效抑制黑色素沉澱，具有良好的去斑作用。

番茄中富含的谷胱甘肽可以有效抑制黑色素沉澱。多吃番茄或者多喝番茄汁，去斑作用明顯。

維生素C和維生素E都有去斑作用，每天一粒去斑作用簡單有效。

乾性脂溢性皮炎 ──季節交替就發作

　　這種在春秋交替季節或者氣溫變化較大的季節最容易出現的皮膚病，屬於女性肌膚的三大瑕疵之一。溫度變化，肌膚對化妝品光線和灰塵以及花粉的過敏反應，是乾性脂溢性皮炎產生的主要原因。我們針對乾性脂溢性皮炎產生的原因制訂如下治療策略：

1. 室外活動時，要選擇刺激性小和不含香料的防曬霜或隔離霜塗抹在臉部。塗抹之前為了減少防曬霜對皮膚的刺激，應先塗一層潤膚露。洗臉乳或者肥皂都要避免鹼性和刺激性產品。

2. 春秋交替容易發病的季節，應多吃水果、蔬菜，多飲水，適當口服維生素B和C，少吃刺激性辛辣的食物。多吃含鋅高的食物如禽類、動物肝臟、堅果和瘦肉等，紫菜、海帶等高碘食品要少吃。

第53計・皮膚濕疹的飲食調理

　　希兒是公司裡有名的美容達人，她那一身細白光滑的肌膚讓其他的女孩子們羨慕的不得了，而且當她們知道希兒過去也是個「小黑人」，也有黝黑暗淡的時候，大家就更對她的神奇蛻變驚羨不已了，從此以後，大家都喜歡圍在希兒身邊，等她傳授最新最好的美容秘方，要是有了什麼疑問，女孩子們也會立刻過來向希兒諮詢，尋求解決之道。

　　就在前幾天上午，隔壁公司的Ada就愁眉苦臉的找到了希兒，她告訴希兒，白己現在備受臉部濕疹的困擾，想問問希兒有沒有什麼飲食妙方？

　　這個問題可把希兒難住了，她為難的告訴Ada說，這種問題最好是去找醫生看看。然而Ada卻堅持只要希兒幫她。無奈之下，希兒決定帶Ada去見自己的姐夫兼美容師高先生。

　　高先生是知名的飲食美容專家，也正是他親自的指導，才讓希兒有了一身脫胎換骨的肌膚。面對著Ada擾人的濕疹，高先生認認真真的上了一課。

　　「濕疹屬於皮膚變態反應，是一種常見皮膚病。發病部位有搔癢感，容易反覆發作。濕疹最容易發病的部位是臉部、手部和耳後等部位。」高先生說，引發濕疹的因素很多，飲食因素是其中之一。我們先看看濕疹患者應該禁忌哪些食品。

不可不忌：

　　剛剛已經提到了，濕疹是由於皮膚的變態反應而引發的。那麼，什

麼樣的食品能引發皮膚的變態反應呢?研究證明,富含高蛋白、具有刺激性、含有細菌和真菌的食品,以及某些果殼類食品生吃,都容易引發皮膚的變態反應進而形成濕疹。

因此,已經出現濕疹症狀的人,要謹慎進食以下食品:

牛奶、雞蛋、蔥、生蒜、洋蔥、羊肉,辣椒、酒、蘑菇、芥末、胡椒、薑、酒糟、米醋、蚌類、魷魚、烏賊等;水果有桃、葡萄、荔枝、生番茄、香蕉、鳳梨、桂圓、芒果、草莓等。

組織胺成分也能導致濕疹的產生。在香蕉、鳳梨、茄子、葡萄酒、酵母以及雞肝臟、牛肉、香腸內,組織胺含量都比較高。濕疹患者要謹慎進食上述物品。

綜合而言,濕疹症狀的人,多吃清淡清爽的速食,忌吃油膩、酸澀、辛辣的刺激性食品;對於海鮮魚類食物和性溫熱助火的食物,也要謹慎食用。

濕疹患者一定要遠離菸酒。

科學飲食消除濕疹

科學飲食調配得當可以有效消除皮膚濕疹。下面這些食物對消除濕疹有很好的幫助:

赤小豆:煮粥喝湯都有效用,如能研末撒於患處則更佳;赤小豆研末和蛋清調和擦於患處,效果最

好。

馬蘭頭：具有涼血解毒的作用，尤其適合濕疹患者。

枸杞頭：枸杞頭蒸煮湯水飲用，對於濕疹患者療效顯著。

馬鈴薯粥：馬鈴薯、粳米、桂花和白糖等量。水煮粳米沸騰後放入馬鈴薯，快成粥時放入桂花和白糖，稍微煮一會兒即可食用。一早一晚溫熱食用效果很好。

蓮花粥：蓮花10朵，糯米200克，冰糖30克。糯米熬粥，粥成時放入冰糖、蓮花。早晚溫熱食用效果最好。可酌情減半。

薏仁：品性溫良，味道清淡甘甜，有清熱利濕、補益脾臟的效用。《本草新編》中寫到：「凡濕盛在下身者，最宜用之，陰陽不傷，濕病易去。……用薏仁一、兩兩為君，而佐之健脾去濕之味，未有不速於奏效者也。」薏仁甘淡利濕、健脾，利濕而不傷正，補脾而兼能利濕，藥食兼用，最為補益。

白扁豆：品性平和，味道甘甜，既可進食也能當做藥材入味，具有補益脾肺、化解濕熱的良好功效。有濕疹症狀的人食用白扁豆，能達到食療和藥療的雙重作用。

綠豆：品性清涼，味道甘甜，具有解毒利水，去暑清熱的作用。在古代醫學典籍中，綠豆具有預防風疹，治痘毒，療癰腫痘爛等皮膚疾患的功能。綠豆湯適合急性皮膚濕疹者飲用，有助於去濕清熱。

冬瓜：品性清涼，味道甘甜清淡，有利水和清熱作用。《本草從新》說它能利濕去風，故對急、慢性濕疹者有益。

瓠子：品性涼寒，味道甘甜，能清熱利水濕。有醫藥書中說它治瘡毒，皮膚濕疹也可以說是一種瘡毒之病，食用瓠子清利濕熱則濕疹可癒。《滇南本草》載：「治諸瘡膿血流潰：瓠子用蕎麵包好，以

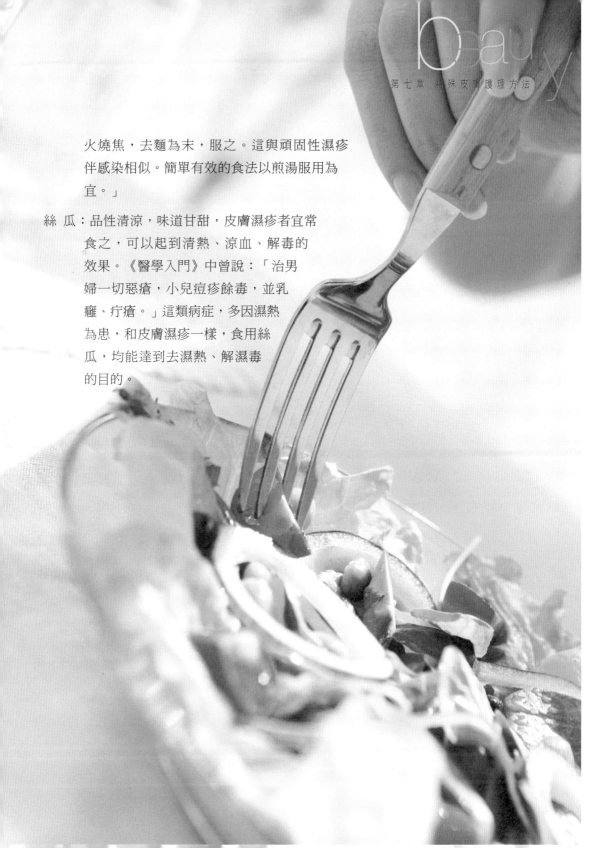

火燒焦，去麵為末，服之。這與頑固性濕疹
伴感染相似。簡單有效的食法以煎湯服用為
宜。」

絲　瓜：品性清涼，味道甘甜，皮膚濕疹者宜常
　　　　食之，可以起到清熱、涼血、解毒的
　　　　效果。《醫學入門》中曾說：「治男
　　　　婦一切惡瘡，小兒痘疹餘毒，並乳
　　　　癰、疔瘡。」這類病症，多因濕熱
　　　　為患，和皮膚濕疹一樣，食用絲
　　　　瓜，均能達到去濕熱、解濕毒
　　　　的目的。

西瓜：品性涼寒，味道甘甜，有清熱、解暑、利小便的作用，皮膚濕疹者宜食，可使濕熱之邪從小便而去。亦宜用西瓜皮煎水代茶飲，同樣可以收到清利濕熱的效果。

山藥：品性平和，味道甘甜，對脾胃有很好的補益作用。蒸、煮、煎、炒都可以，吃法簡單易學，是預防和治療臉部濕疹的最佳食品。

白茯苓：品性平和，味道甘甜清淡，對脾胃有很好的補益作用，而且還有益於濕疹的去除，皮膚濕疹患者最宜食用。

黃瓜：品性清涼，味道甘甜，具有解毒利水和除熱的良好作用。所以，濕熱類型的皮膚濕疹患者，常吃黃瓜有利於濕疹症狀的消退。生冷、炒吃皆宜。

金針花：金針花又稱黃花菜，具有利濕清熱的作用，十分適合急性或者亞急性皮膚濕疹患者食用。醫學研究認為，常吃金針花，能增強皮膚韌性和彈力，保護表皮與真皮組織細胞，加速皮膚毛細血管血液循環，抵禦內外各種不良因素對皮膚的刺激侵蝕，對皮膚起到一定的保護作用。

水芹：品性清涼，味道甘甜帶苦，既能利水又能清熱，能有效改善濕疹病人的症狀。

荸薺：品性清寒，味道甘甜，具有消積化痰清熱的良好效用，屬於皮膚濕疹患者的飲食佳品。

金銀花：品行清寒，味道甘甜，是解毒清熱的佳品。急性濕疹病患者以及亞急性濕疹患者，長飲用金銀花煎製的金銀花水，大有裨益。

蛇肉：蛇肉是治療皮膚病的最好藥膳，具有殺蟲去風的良好效用。皮膚濕疹反覆發作者和膿皰癬癩的人，連吃三次蛇肉和蛇湯，效果十分好。大隻烏梢蛇效果最佳。

鯽魚：鯽魚在所有的魚類中，是唯一可以常吃的，不和任何病灶衝突。鯽魚品性和緩，有利於濕熱病痛，對脾臟更是有很大的補益作用，是皮膚濕疹患者的食用佳品。

烏魚：烏魚是治療水腫、疥癬以及濕痺的最佳食品之一，對於年久不癒的風瘡、頑癬、疥癩，也具有很好的療效。方法是取烏魚一條，洗淨去除腸肚。將烏魚放置鍋內，魚身鋪蒼耳，烏魚肚滿塞蒼耳葉。然後少水慢火，不要加入鹽和醬油，去皮骨淡食，功效十分大。頑固的濕疹患者，也可以依照上法。

泥　鰍：品性平和，味道甘甜，適合急、慢性皮膚濕疹者食用。

　　此外，對皮膚濕疹有益的食品還有：蘿蔔、菊花腦、白菜、黃芽菜、豇豆、蠶豆、節瓜、玉米鬚、金花菜、馬鈴薯、黑木耳、百合、芥藍、茭白筍、芋頭、莧菜、蕹菜、菊芋、慈姑、藕、地瓜、綠豆芽、豆腐、胡蘿蔔、番茄、蓴菜、番薯、絲瓜、地耳、菱、豆苗、梨、蘋果、橘子、枇杷、柑、柳丁、柿子、草莓、鴨肉等。

美麗物語

皮疹搔癢別撓抓

皮膚出現皮疹性搔癢時，要避免撓抓。情況嚴重的可到皮膚科諮詢醫師。輕微的皮疹脫皮，可以用維生素B_6軟膏塗抹。如搔癢劇烈，可以用抗組織胺藥來鎮定皮膚；如出現明顯發炎，用抗生素或者紅黴素來消炎。總而言之，外用藥主要起到殺菌消炎和止癢的作用。

國家圖書館出版品預行編目資料

我的肌膚我做主／優雅氣質美研社編著
－－第一版－－ 台北市：知青頻道出版；
紅螞蟻圖書發行，2009.10
面　　公分
ISBN 978-986-6643-92-7 (平裝)

1.皮膚美容學
425.3　　　　　　　　　　98017867

我的肌膚我做主

編　　著／優雅氣質美研社
美術構成／Chris' office
校　　對／周英嬌、楊安妮、朱慧蒨
發 行 人／賴秀珍
榮譽總監／張錦基
總 編 輯／何南輝
出　　版／知青頻道出版有限公司
發　　行／紅螞蟻圖書有限公司
地　　址／台北市內湖區舊宗路二段121巷28號4F
網　　站／www.e-redant.com
郵撥帳號／1604621-1　紅螞蟻圖書有限公司
電　　話／(02)2795-3656 (代表號)
傳　　真／(02)2795-4100
登 記 證／局版北市業字第796號
數位閱聽／www.onlinebook.com
港澳總經銷／和平圖書有限公司
地　　址／香港柴灣嘉業街12號百樂門大廈17F
電　　話／(852)2804-6687
新馬總經銷／諾文文化事業私人有限公司
新 加 坡／TEL:(65)6462-6141　FAX:(65)6469-4043
馬來西亞／TEL:(603)9179-6333　FAX:(603)9179-6060
法律顧問／許晏賓律師
印 刷 廠／鴻運彩色印刷有限公司
出版日期／2009年10月　第一版第一刷

定價 280 元　港幣 93 元

ISBN 978-986-6643-92-7　　　　　Printed in Taiwan